La radio
Dalla rana di Galvani alla supereterodina

ISBN 978-1-4716-3397-3

www.bettienrico.info

Chapter 1

Introduzione

La storia delle comunicazioni radio è una storia recente. L' insieme degli esperimenti di fisica che fecero da base allo sviluppo di un sistema di comunicazione che oggi è utilizzato in tutto il mondo erano gia patrimonio acquisito quando, attorno alla fine del diciannovesimo secolo, le cose iniziarono a combinare per ottenere i moderni apparati radiofonici.

Pochi anni dopo, all' inizio del novecento, la radiofonia arrivò a diffondersi e vennero pubblicati moltissimi manuali che insegnavano agli appassionati a costruirsi da soli apparati radiofonici o a riparare quelli reperibili in commercio. Vennero sviluppate moltissime soluzioni circuitali, alcune costruite con componenti così diversi dalle altre che resta difficile, a vederle, pensare che svolgano la stessa funzione. Nel tempo, però, sia queste soluzioni circuitali, a volte estremamente bizzarre, che gli apparati autocostruiti, e solo a volte funzionanti hanno esercitato un grande fascino, tanto che ancora oggi i radioamatori sono così tanti da avere fiere e raduni di rilevanza nazionale.

Molti di essi sono oggi dei nostalgici di vecchie tecnologie.

Costruire un trasmettitore o ricevutore radiofonico è una operazione alla portata di tutti, e spesso basta acquistare un componente che svolga in maniera impeccabile entrambe le funzioni da solo. Affascina però pensare a come la cosa veniva fatta anni fa.

Gli apparati a galena, o i valvolari a reazione, che per ricevere correttamente una stazione richiedevano una regolazione paziente e minuziosa e spesso anche un orecchio in grado di percepire volumi molto bassi, erano oggetti ingombranti ma anche con forme molto particolari, con le valvole illuminate, a volte a vista, e sono anche oggi considerati elementi di arredo di pregio.

Inoltre trattandosi di una storia recente, è abbastanza semplice reperire in una vecchia cantina o semplicemente in un asta on-line degli apparati antichi, che richiedano un restauro sia elettrico che estetico per poter far sentire nuovamente la loro voce.

Questo anche se in molti casi, in realtà, non è il caso di mantenerli per l'uso giornaliero perchè farlo richiederebbe l'installazione di voluminose antenne, e molto spazio.

E' comune vedere in rete progetti di persone che, dopo aver reperito qualche vecchia valvola ancora funzionante, hanno realizzato da soli dei ricevitori, spesso con molte fasi di sperimentazione, per poi costruire con pazienza un mobile in legno,e poter sfoggiare il proprio capolavoro mettendolo in bella vista.

Lo schema del circuito utilizzato da una moderna radio per ricevere un segnale è più o meno sempre lo stesso, ma a questo schema si è arrivati con una fila interminabile di esperimenti.

Molti degli schemi presentati in questo libro sono varianti di schemi presentati in rete da amatori, e anche se non è facile citare le fonti per tutto questo materiale, vasto ed eterogeneo, spero di non aver dimenticato nessuno.

Devo dire che quando ho provato a realizzare alcuni circuiti valvolari mi sono trovato di fronte ad una serie di problemi: è difficile reperire la componentistica necessaria a fare esperimenti, anche cercando su ebay, ed è difficile reperire oggetti che all'epoca potevano essere piuttosto comuni, come ad esempio le scatole di sigari o comunque in legno, spesso usate per alloggiare i ricevitori artigianali, le manopole, i trasformatori di alimentazione o i condensatori e le induttanze variabili.

Ho però pensato che, se all' epoca realizzare una radio era un operazione a basso costo, che chiunque poteva affrontare con pazienza, forse non è il caso di realizzarla oggi acquistando da un fornitore di componenti tutto il necessario. Gran parte del mio divertimento è stato infatti nel costruirmi da solo le parti.

Un condensatore variabile, che dovrei acquistare ad una fiera dell' elettronica, può essere costruito in casa con una latta d'olio vuota e alcuni dadi (parecchi) e bulloni. Sicuramente la qualità del componente completo è migliore, ma il più bel risultato sta nel far funzionare una radio costruita con le proprie mani. Alla mancanza di molti componenti si può sopperire utilizzando oggi componenti alternativi o soluzioni circuitali all' epoca non applicabili.

Insomma, il mondo della radio è molto vasto, e si è sviluppato grazie alla fantasia e all'ingegno di centinaia di inventori. Chissà se qualcosa di nuovo potrà nascere dai vostri esperimenti domestici, e magari anche dai miei.

Contents

Chapter 2

Gli albori: l'elettromagnetismo

La storia della comunicazione radiofonica inizia nelle aule di fisica. Lo studio dell' elettricità, alla fine del '700, causò un forte fermento nella ricerca, sia teorica che pratica. L' osservazione di nuovi fenomeni legati all' elettricità e un insieme molto vasto di invenzioni a questa collegate prepararono il campo agli esperimenti di trasmissione e ricezione di segnali.

Curiosamente, il primo risultato di trasmissione e ricezione di segnali elettromagnetici, venne documentato da Galvani nel 1780, e utilizzava come radioricevitore una rana morta.. Solo dopo molti anni fu possibile darne una spiegazione, e quindi ottenere un uso pratico del fenomeno.

Il così detto primo esperimento risale infatti al 1780.

Galvani fu un convinto assertore dell'esistenza di una elettricità animale. Mentre stava sperimentando con rane morte osservò delle marcate contrazioni dei muscoli quando questi ultimi venivano toccati da un conduttore metallico nello stesso istante in cui, anche a distanza, era provocata con una macchina elettrostatica una scarica elettrica.

Proseguendo le sperimentazioni per sei anni, nel 1786 provò che le contrazioni avvengono anche in presenza di fulmini, e a volte anche in assenza di entrambe queste cause, ma solo toccando la rana in due punti con due terminali metallici.

Se avete uno stagno vicino a casa potete ripetere l'esperimento.. Io personalmente non me la sono sentita.

2.1 La pila di Alessandro Volta

Il primo lavoro che possiamo in qualche modo mettere in relazione con quanto ci interessa è quello di Volta, con l' invenzione della pila elettrica. Prima di questo, infatti, non era disponibile alcuna fonte di energia elettrica continua. L' energia elettrica veniva prodotta utilizzando l' effetto elettrostatico, cioè accumulando le scariche che potevano ottenersi per sfregamento di un panno di lana o della pelliccia di un animale in una "bottiglia di Leida", che altro non era che un rudimentale condensatore.

In pratica la bottiglia di Leida non è altro che una bottiglia di vetro piena di un materiale conduttore e coperta di un altro materiale conduttore anche esso. I due strati di materiale sono separati dal vetro, che è un ottimo isolante elettrico.

La bottiglia viene tenuta in mano da una persona, che è a contatto con l' elettrodo esterno, mentre l' elettrodo interno viene sfregato su un panno di lana. Lo sfregamento induce delle cariche elettrostatiche sull' elettrodo interno. Queste cariche tendono ad attrarre cariche di senso opposto dal terreno, passando nel corpo della persona che sta tenendo la bottiglia. Si tratta di una piccolissima corrente, di cui la persona non si accorge, ma l'accumulo di cariche è progressivo e toccando con le dita l' elettrodo interno l'effetto è sensibile, e a volte anche doloroso, in quanto l' intera carica si bilancia istantaneamente attraversando il corpo.

Nella primavera del '92 Volta venne a conoscenza degli esperimenti di Galvani sulla possibile elettricità animale.

Incredulo, si mise con serietà a ripetere gli esperimenti e, in una prima fase, concordò con i risultati dello scienziato bolognese, esaltando l'importanza della scoperta. Ma una successiva indagine, volta a studiarne gli aspetti più quantitativi, lo portò a poco a poco a ritenere che le contrazioni della rana non fossero dovute ad una elettricità di origine animale ancora presente nell'animale, sebbene morto, e messa in circolazione attraverso l'arco metallico collegato tra nervo e muscolo, ma ad una elettricità esterna provocata dal contatto dei due metalli che costituiscono l'arco. La rana assume quindi il ruolo di un semplice ma sensibilissimo elettroscopio.

L'idea di Volta non venne però accettata da Galvani e dai sostenitori dell'elettricità animale.

Solo anni dopo, Volta, sfruttando la differenza di potenziale dovuta al contatto di due metalli diversi, riuscì a realizzare, introducendo un terzo conduttore umido, un collegamento in serie in grado comporre i contributi dei singoli elementi, realizzando la pila.

Le prime pile vennero realizzate con dischi di metallo e soluzione salina sovrapposti l'uno all'altro, o utilizzando una serie di bicchieri da vino riempiti di salamoia, cioè semplicemente di acqua salata. In ciascun bicchiere erano immersi due elettrodi di due diversi metalli.

In pratica, fra i due elettrodi metallici di ciascuna cella si instaura una differenza di potenziale causata da forze di natura chimica.

Ogni elettrodo, cioè ogni elemento metallico immerso in una soluzione, tende a rilasciare ioni metallici positivi nella soluzione con la quale è a contatto, assumendo rispetto ad essa un potenziale negativo. La differenza di potenziale fra un elettrodo e la soluzione dipende dal tipo di metallo di cui è composto l'elettrodo.

Questa caratteristica viene detta elettronegatività ed è dipendente dal materiale stesso utilizzato come elettrodo.

Oggi sappiamo che diversi metalli hanno come caratteristica intrinseca una diversa elettronegatività e che la tensione prodotta da una pila costruita con due metalli qualunque dipende proprio dalla differenza di elettronegatività presente tra l'uno e l'altro.

All'epoca, Volta, svolse esperimenti su molti metalli, arrivando alla conclusione che i migliori da utilizzare, per produrre un effetto maggiore, fossero zinco e argento oppure zinco e rame.

Un singolo elemento della pila, cioè un singolo bicchiere contenente due elettrodi, ha un effetto abbstanza piccolo, producendo una tensione di circa un volt e mezzo. Diciamo che potremmo renderci conto che c'è una tensione solamente attaccando due fili agli elettrodi e toccandoli con la lingua (era lo stesso sistema usato da Volta), mentre mettendo in serie più elementi l'effetto diventa via via più sensibile.

Per questo motivo Volta costruì la sua pila, sostituendo i bicchieri pieni di salamoia con dei dischi di cartone imbevuti, e utilizzando come elettrodi dei dischi di metallo. Questo gli permise di ottenere tensioni molto alte anche con pile piuttosto compatte. Il limite delle tensioni che si potevano ottenere con questo tipo di pila era praticamente dato solamente dal numero di elementi che era possibile sovrapporre l'uno sull altro. Nel tempo la salamoia fu inoltre sostituita con acido solforico diluito, ottenendo un migliore comportamento.

La pila di Volta rimase per molto tempo uno strumento indispensabile per fare esperimenti nel laboratori di fisica. Le prime radio vennero alimentate con delle batterie che sono una variante di quella originale costruita da Volta, e le batterie vennero sostituite da altro solamente quando nelle case divenne disponibile la tensione elettrica alternata, cioè tra il 1930 e il 1940 circa.

Il nome "pila" o "batteria" viene proprio dal modo in cui questa veniva costruita nel laboratori, sovrapponendo l'uno all'altro i dischi di diversi materiali.

Anche le batterie che acquistiamo oggi per alimentare piccoli apparati elettrici non sono altro che varianti della pila originale. Per ragioni soprattutto di costo l' elettrodo di rame viene sostituito con un piccolo bottoncino di rame affiancato ad un elettrodo più grande in carbone, mentre la salamoia o l'acido solforico utilizzato da Volta viene sostituito da una sostanza liquida che imbeve un insieme di polveri di carbone, per ottenere una specie di pasta che non possa colare dalla pila in caso di rottura accidentale.

La ricerca ha portato e sta ancora portando ad avere batterie di durata molto maggiore della pila di Volta originale, ma niente ci impedisce di fare comunque degli esperimenti per costruire delle pile che potremo usare ad esempio per fornire la tensione anodica di una piccola radio valvolare. Tenendo presente però il fatto che saremo costretti a sostituire spesso l' elettrolita, perchè la durata della pila sarà molto bassa.

Volta stesso descrive in maniera semplice come costruire una pila. E' una cosa che possiamo fare anche oggi, per realizzarla come da lui descritta:

"Mi procuro qualche dozzina di piccole piastre tonde o dischi di rame, di ottone o meglio di argento, su per giù di un pollice di diametro... e un numero uguale di dischi di stagno, o molto meglio di zinco della medesima

forma e della stessa grandezza, dico all'incirca perché non è richiesta rigorosa precisione: tanto la grandezza che la forma sono arbitrarie, ma dobbiamo fare attenzione che si possano disporre comodamente gli uni sugli altri, in forma di colonna. Inoltre preparo un gran numero di dischetti di cartone, o di pelle, o di qualsiasi altro materiale spugnoso capace di assorbire e di ritenere acqua o altro liquido e rimanerne imbevuto.

Per la buona riuscita dell'esperimento queste rondelle o dischi, che chiamerò dischi inzuppati, li faccio un po' più piccoli dei dischi o piatti metallici, affinché interposti a questi nel modo che dirò, non sporgano fuori.

Avendo tutti questi pezzi in buono stato, i dischi metallici ben collocati e secchi, e quelli non metallici ben inzuppati di semplice acqua, o, molto meglio, di acqua salata, asciugato il tutto quanto basti perché non sgoccioli, non rimane che disporli adeguatamente e la disposizione è semplice.

Dispongo dunque orizzontalmente come base qualunque tavolo e su di esso un piatto metallico, ad esempio di argento, su di esso un disco di zinco quindi uno inzuppato, poi un altro di argento e sopra uno di zinco ed ancora un disco inzuppato. Continuo così, nella stessa maniera, accoppiando un piatto di argento con uno di zinco, e sempre nello stesso senso, cioè a dire, sempre l'argento sotto e lo zinco sopra, o viceversa, secondo come iniziato, e interponendo a ciascuna di queste coppie un disco inzuppato, e continuo sino a formare con parecchi di questi strati una colonna che possa sostenersi senza crollare.

Se giungo ad innalzare una colonna di circa 40 di questi strati o coppie di metalli sarà già sufficiente non solo a caricare un condensatore con un semplice contatto al punto di far scoccare la scintilla, ma anche a colpire, con uno o più piccoli colpi, le dita con le quali si toccano le estremità (sommità e piede) della colonna, colpi più o meno frequenti a seconda della frequenza con la quale si ripetono questi contatti, e ciascun colpo somiglia alla leggera scossa provocata da una bottiglia di Leida, caricata leggermente ... "

Il modo più semplice per ottenere gli elettrodi per una pila è utilizzare delle piccole monete. Da come Volta descrive il suo esperimento, usando dischi da circa un pollice di argento, rame o stagno, mi fa venire il sospetto che anche lui abbia fatto allo stesso modo.

Le monete da uno, due o cinque centesimi di euro sono placcate in rame. Questo metallo è adatto per diventare uno degli elettrodi della nostra pila. Le monete da dieci centesimi in su, però, hanno una lega esterna che, malgrado abbia un colore molto diverso, è molto simile per composizione a quella delle monete color rame, essendo composta per la maggior parte sempre da rame.

11

Ho provato a realizzare in casa una cella utilizzando due monete, per poi misurare con un tester digitale i valori di tensione ottenuti. In maniera molto semplice ho aperto la scatola con la mia collezione di vecchie monete e sul tavolo da cucina ho appoggiato un vacchio gettone telefonico, che ho considerato come elettrodo di riferimento.

Ho sovrapposto al gettone un dischetto costruito con alcuni strati di carta da cucina imbevuto di acqua salata e ho appoggiato sopra un altra moneta. Purtroppo l' acqua salata è piuttosto corrosiva, e non è sicuramente il materiale ideale per costruire pile durature, ma è sufficiente per fare qualche esperimento. Poi, con i puntali del tester e premendo leggermente ho misurato la tensione ottenuta, per individuare i due metalli che tra loro avessero maggiore differenza di elettronegatività e realizzare quindi una buona batteria. Ogni volta che cambiavo moneta imbevevo nuovamente la carta con nuova acqua salata. Ho ottenuto la tabella seguente. è approssimativa ma permette di capire quali siano le monete migliori per realizzare una pila:

MONETA	RISULTATO
Gettone	0 (riferimento)
10 eurocent	+20mV
20 eurocent	+25mV
50 lire	+260mV
100 lire	+160mV
100 lire "nuove"	+100mV
200 lire	+25mV
10 lire	-460mV

Faccio notare che l'operazione non è semplice, anche utilizzando un tester digitale abbastanza preciso, mentre Volta svolse lo stesso esperimento senza alcuno strumento di misura della tensione. Quindi le migliori monete sono le dieci lire accoppiate alle cinquanta lire "grandi". Tra l'altro hanno il vantaggio di avere all'incirca la stessa dimensione.

Comunque le leghe sono abbastanza simili, e la massima differenza di potenziale che si ottiene per un elemento della pila è di circa 600 millivolts, contro gli 1.5 volts che si otterrebbero tra rame e zinco.

Per poter mantenere le monete una sopra l' altra ho usato come supporto un tubetto per pillole, tagliato ai lati in modo da poter accedere ai terminali dei singoli elementi della pila.

Ho provato con acqua salata e con succo di limone, arrivando piu o meno agli stessi risultati.

Con sei elementi di questo tipo, la tensione a vuoto della batteria è di circa 3.6 volts. Piuttosto bassa ma corrispondente ai test precedenti. Avrei ottenuto risultati molto migliori con tondini di rame e zinco, arrivando fino a circa 9 volts.

Ho caricato la batteria con una resistenza da 100kohm, per valutarne il comportamento in fase di scarica. Con la resistenza come carico la tensione scende un po, fino a circa 2.8 volts, ed ho ottenuto la seguente tabella:

TEMPO	TENSIONE
0	2.8V
10 minuti	2.75V
20 minuti	2.70V
30 minuti	2.64V
40 minuti	2.56V
50 minuti	2.50V
60 minuti	2.48V

La resistenza interna della batteria che ho costruito è piuttosto alta, in quanto collegando una resistenza in parallelo la tensione a vuoto passa da 3.6 a 2.8 volts circa.

La caduta di tensione di 0.8 volts avviene sulla resistenza interna. Questo significa che, se sulla resistenza da 100kohm la caduta è di 2.8V, la resistenza interna della pila ha un valore di $100000 * 0.8/2.8 = 28571$ Quindi circa di 28 mila ohm. è piuttosto elevata.

Uno dei risultati interessanti dell' esperimento è che la batteria di pile, anche se fornisce correnti piuttosto basse, continua a fornire corrente per un tempo abbastanza lungo, dell'ordine almeno di alcuni minuti. La durata delal batteria, con un carico abbastanza modesto, è però elevata essa stessa. Dopo un ora, infatti, c'è stato un calo di tensione ma la batteria non è ancora completamente scarica.

Peraltro è bastato premere un poco sopra la moneta più in alto per rinnovare la soluzione elettrolitica che si trova a contatto con il metallo e ottenere di nuovo la tensione di partenza. Questo è anche il motivo per cui ho interrotto la misura.

Riporto a seguire la foto dei materiali usati per l'esperimento.

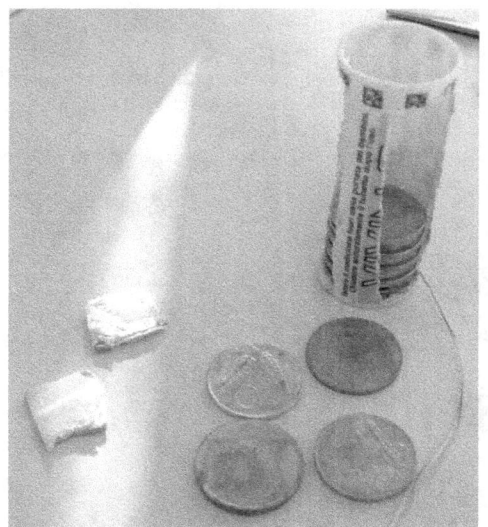

Potete notare che sulle monete c'è dello sporco. Si tratta di una leggera corrosione della superficie del metallo dovuta al continuo passaggio della corrente. Per tranquillizzare i numismatici dirò che è comunque andata via grattando un pò le montete con una spugna da cucina.

Questo tipo di batteria, utilizzando magari metalli migliori per gli elementi, può essere adatta a fornire la tensione anodica di un circuito valvolare dato che le valvole hanno una resistenza interna piuttosto elevata, confrontabile con quella della batteria fatta di monetine. Non sembra invece adatta per l'alimentazione del filamento, che richiede elevate correnti e basse tensioni per funzionare. Per farlo lavorare dovremmo infatti mettere in parallelo molti elementi.

Durante l' ora impiegata per il mio test, la batteria ha fornito alla resistenza di carico una energia corrispondente alla media della tensione prelevata elevata al quadrato, divisa per il valore della resistenza, cioè: $((2.8 + 2.48)/2)/100000 = 0.02 milliwatt$ Con un lavoro complessivo di $0,07$ joule circa. Per capirci: parliamo dell'energia sufficiente per accelerare un peso da 70g fino alla velocità di 1m/s. Sicuramente non soddisfacente e non confrontabile con una pila moderna, ma con un pò di pazienza adatta all'alimentazione anodica di una radio valvolare.

Una radio a valvole, per funzionare, ha bisogno di una tensione anodica di almeno una decina di volts. E ottenerla con questo tipo di pila non è impossibile.

Qui di seguito c'è la foto della mia pila fatta in casa. Esteticamente non si presenta bene, ma comunque funziona.

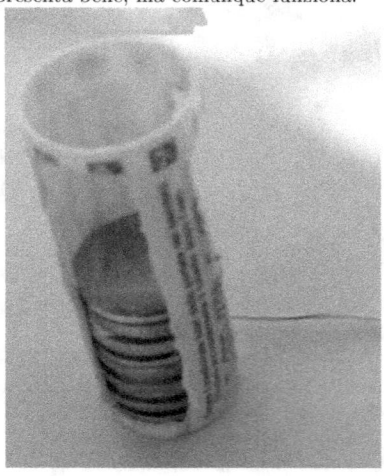

2.2 Le equazioni di James Clerk Maxwell

Un altro lavoro che è stato molto importante per quanto riguarda la trasmissione radiofonica è stato quello di James Clerk Maxwell.

Maxwell fu un matematico e fisico scozzese, e nel 1873 pubblicò un lavoro rivoluzionario.

Uno degli effetti interessanti degli esperimenti sul magnetismo è infatti quello che un oggetto magnetizzato sia in grado di influenzare, e in particolare di spostare, altri oggetti anche senza toccarli. Quindi l' oggetto deve proiettare attorno a se un campo di forze sensibile fino ad una certa distanza nello spazio.

Un altro effetto molto interessante riguardante l' elettricità è il fatto che un filo elettrico, se percorso da corrente, sia in grado di attrarre oggetti metallici, e quindi di generare forze magnetiche.

Maxwell raccolse tutti i risultati di altri scenziali legati allo studio del comportamento dell' elettricità e del magnetismo, e condensò tutte le formule ricavate in un sistema di sole quattro equazioni differenziali, che insieme spiegavano i risultati di tutti gli esperimenti precedenti.

Questo lavoro permise di passare da una concezione separata di fenomeni elettrici e fenomeni magnetici al comprendere come elettricità e magnetismo siano in realtà due manifestazioni di uno stesso fenomeno, cioè onde, in quello che fu definito il "campo elettromagnetico".

Le equazioni di Maxwell mostrano infatti come il comportamento di una corrente all' interno di un filo elettrico, che genera attorno al filo un effetto di magnetizzazione, possa essere meglio spiegato considerando la corrente come causa generante di un onda elettromagnetica, che si propaga nello spazio allontanandosi dal suo punto di origine, e riducendo la sua ampiezza progressivamente, secondo la distanza. Questa onda trasporta con se sia effetti elettrici che magnetici dato che il fenomeno della induzione magnetica, cioè della trasformazione di una corrente elettrica in un effetto magnetico, è reversibile.

In pratica possiamo ragionare in questo modo per capire come possa funzionare una trasmissione di segnale, poi vedremo che da questa idea alla pratica ci saranno ancora parecchi passi, ma Maxwell è la persona che, oltre aver dimostrato che la cosa è possibile, ha messo in ordine le cose in modo da poter capire, matematicamente, come funziona.

Se faccio percorrere un filo elettrico da corrente, questo filo induce un campo elettromagnetico intorno. Ad una certa distanza, quindi, prima che il

16

filo fosse percorso da corrente non c'era alcun campo elettromagnetico. Dopo che la corrente avrà iniziato a percorrere il filo stesso ci sarà un campo non nullo. Un ago di una bussola posto ad una distanza non troppo elevata dal filo avrà una flessione nel momento in cui la corrente inizierà a fluire sul filo stesso.

Ora: abbiamo usato energia elettrica per generare movimento meccanico a distanza: in realtà abbiamo già trasmesso una informazione.

Mettendo però al posto dell'ago un altro filo che formi un circuito chiuso, nel momento in cui si avrà la variazione di campo magnetico, su questo secondo filo ci sarà un passaggio di corrente. Solo però nel momento della variazione del campo, cioè nel momento in cui noi chiudiamo l'interruttore che forzerà la corrente a percorrere il filo.

Anche per distanze molto brevi le correnti risultanti sono molto piccole, ma il risultato interessante è che, aprendo e chiudendo un interruttore su un circuito, possiamo causare il passaggio di corrente su un altro circuito, a distanza.

Le equazioni di Maxwell non ci dicono solo questo: risolvendole in maniera corretta, malgrado la loro complessità, ci spiegano come mai fili di una certa forma siano più adatti di altri per trasmettere energia, e quindi come funzionano le antenne, e come sia possibile che le onde elettromagnetiche, tra cui anche la luce, si riflettano su alcuni ostacoli e ne attraversino altri.

Pure limitandoci alle nostre piccole necessità, le equazioni di maxwell provano che teoricamente è possibile la trasmissione di un segnale a distanza.

2.3 Heinrick Rudolph Hertz e le onde radio

Le equazioni di Maxwell restarono una bella semplificazione, puramente matematica, fino a che nel 1887 il fisico tedesco Heinrick Rudolph Hertz dimostro l' esistenza delle onde elettromagnetiche, costruendo quello che poi fu chiamato "dipolo hertziano". Fino alla sua dimostrazione, la teoria più accreditata era quella del cosiddetto "etere luminifero", che per definizione era il mezzo attraverso il quale si sarebbero propagate le onde luminose.

Questo perchè, dato che la luce sembrava trasferirsi da un punto ad un altro come un onda, era necessario individuare un mezzo materiale attraverso cui questa avrebbe potuto propagarsi. Si sarebbe dovuto per vari motivi trattare di un mezzo solido e immutabile anche per distanze astronomiche.

Il primo problema di questa teoria sarebbe stato quello che l' etere, in apparenza, non offriva alcuna resistenza al moto dei corpi, mentre avrebbe dovuto farlo. Ad esempio un corpo celeste che ruota attorno al sole, se l'etere esistesse, dovrebbe essere colpito continuamente nella direzione del moto da un onda causata dall'etere spostato dal moto stesso del pianeta, con vari effetti, che nella realtà non si osservano.

Postulando l' assenza di un etere luminifero, però, le equazioni di maxwell indicavano la possibilità di trasmissione di un segnale da un punto all'altro, attraverso il vuoto.

L' esperimento di Hertz provò che questa trasmissione era possibile, e quindi fece cadere l'ipotesi dell'etere luminifero. è interessante notare che la domanda "che cosa trasporta le onde elettromagnetiche nello spazio ?" rimase senza alcuna risposta fino a quando Albert Enstein formulò la teoria della relatività.

Hertz provò a trasmettere un segnale da un punto, per riceverlo ad una certa distanza utilizzando un rocchetto di Rumkoff come trasmettitore e una semplice spira, aperta per un intervallo molto breve, come ricevitore.

2.3.1 Il rocchetto di Heinrich Rumkoff

l rocchetto di rumkoff è un rudimentale trasformatore, e può essere utilizzato per trasformare la tensione continua e ragionevolmente bassa di una batteria in un impulso di durata molto breve ma con una tensione molto elevata. Il rucchetto di Rumkoff si costruisce in questo modo: su un nuclo di ferro dolce viene avvolta una bobina di un robusto filo elettrico, composta di alcune decine o a volte di centinaia di spire di filo, isolato in modo da costringere la corrente elettrica a percorrerlo completamente. Sopra questa bobina viene posto un tubo di materiale isolante, sul quale vengono avvolte un numero elevatissimo di spire di filo molto sottile. Solitamente alcune migliaia. Se i due terminali del circuito primario vengono collegati ad una batteria su questo inizia un brusco passaggio di corrente, che a sua volta induce un forte campo magnetico sul nucleo di metallo. Lo stesso campo magnetico viene allora indotto sul secondario che condivide il nucleo di metallo del primario.

Su ogni spira del secondario viene allora indotta una tensione all'incirca uguale a quella presente su una spira del primario. Dato che però il secondario ha un numero di spire molto piu elevato del primario, la tensione complessiva ai capi di questo sarà molto più elevata, dell'ordine di alcune migliaia di volts. Solitamente ai due terminali del secondario vengono collegate due sferette di metallo, opprtunamente distanziate tra loro. Le due sferette funzionano come accumulatore di carica.

Anche oggi, senza saperlo, usiamo un rocchetto di rumkoff quasi tutti i giorni. Funziona infatti con lo stesso sistema del rocchetto originale, e praticamente senza alcuna modifica, accumulando energia elettromagnetica fino a generare una scintilla, la bobina di accensione delle autovetture.

Anche in un autovettura, infatti, è necessario trasformare la bassa tensione della batteria in una scarica istantanea di dieci o quindicimila volts, che permetta alla candela di incendiare la benzina all'interno del cilindro.

Questo sistema di trasmettere segnali, che venne usato tantissimo dal momento in cui Marconi inventò il telegrafo senza fili non può più essere utilizzato. Il semplice passaggio di un ciclomotore o di un auto ragionevolmente vicino ad una antenna ricevente causerebbe un rumore elevatissimo, disturbando di fatto la ricezione del segnale.

Comunque oggi può avere ancora senso fare esperimenti di trasmissione e ricezione di segnali con un rocchetto di Rumkoff, purchè pre brevi distanze, ad esempio da una camera all' altra della propria casa.

Come rocchetto possiamo usare semplicemente una bobina di accensione da autovettura, che può essere reperita da un qualunque sfasciacarrozze.

2.3.2 L'esperimento di Hertz

In pratica il sistema funzionava come in figura:

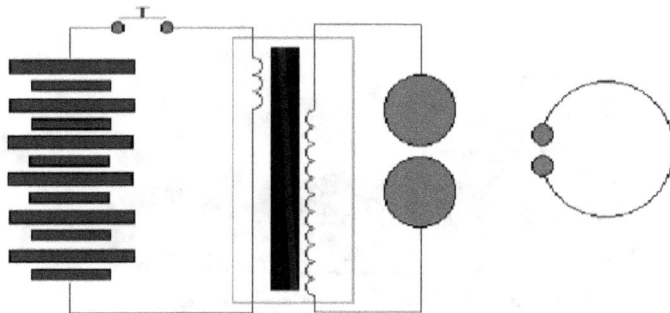

In questo schema, a sinistra c'è una batteria. In pratica, all'epoca, si usava la batteria di Volta, cioè la pila di dischi di rame e zinco. Oggi potremmo usare un batteria al piombo, o più semplicemente potremmo mettere in serie un paio di batterie zinco-carbone piatte, da 4.5 volts.

La parte centrale dello schema, che ha un rettangolo grigio attorno, indica il rocchetto di rumkoff avvolto su un nucleo di metallo.

Tra la pila e il rocchetto c'è un pulsante. Abbassandolo la corrente inizia a fluire sul circuito primario del rocchetto, e quindi una forte tensione viene indotta sul secondario.

I due contatti del secondario sono collegati a due sfere di metallo distanziate tra loro di alcuni millimetri.

Le due sfere funzionano come accumulatore di carica. Se la tensione fornita dal rocchetto è sufficientemente alta, alla pressione o al rilascio del pulsante c'è una scarica elettrica tra una sfera e l'altra. In questo momento un forte impulso elettromagnetico viene trasmesso in aria.

Hertz costruì un semplice dispositivo in grado di ricevere questo segnale. Costruì infatti una spira di filo elettrico ai cui capi mise due sferette, tenute molto vicine l'una all'altra. Nel momento in cui dal rocchetto scoccava la scintilla anche tra le due sferette scoccava una sintilla, anche se di intensità molto minore rispetto a quella sul trasmettitore.

Hertz fece vari tentativi, utilizzando spire di diversa dimensione e misurando la distanza tra le sferette a cui avveniva la scintilla, e ottenne questo grafico:

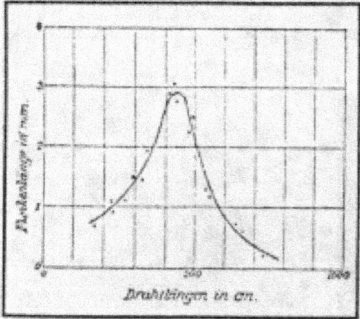

Hertz riportò in ordinata la lunghezza delle scintille (in millimetri), e in ascissa la lunghezza della spira (in centimetri), accorgendosi che, avvicinandosi ad una particolare lunghezza di spira, l'ampliezza della scintilla aumentava, e quindi aumentava la potenza del segnale ricevuto.

In pratica il circuito trasmettitore invia in aria un segnale che può essere ricevuto falcimente utilizzando un particolare insieme spira/sferette. Cambiando la dimensione della spira o delle sferette utilizzate il segnale ricevuto diviene piu debole.

Hertz ne concluse che la presenza della bobina del rocchetto e delle due sfere, che si comportano come un condensatore, sia causa di una oscillazione ad una definita frequenza. Un segnale elettromagnetico oscillante tende a propagarsi nello spazio, e più essere ricevuto ad una certa distanza dal trasmettitore. La ricezione del segnale sarà migliore utilizzando una spira e delle sferette "accordate", cioè costruite per funzionare alla stessa frequenza del trasmettitore.

La distanza che Hertz raggiunse con questo tipo di trasmissione fu dell' ordine di una decina di metri.

Il ricevitore era estremamente primitivo: per poter ricevere qualcosa era necessario infatti trovarsi in una stanza buia, in modo da poter chiaramente vedere la scintilla, e ricevere comunque una tensione abbastanza elevata da farla scattare.

In esperimenti successivi Hertz si occupò di realizzare onde stazionarie, riflettendo il segnale radio su una parete metallica, in modo da metterlo in battimento con se stesso e misurandone l' intensità in vari punti.

L' intensità ottenuta era infatti dipendente dalla distanza dalla parete e si ripeteva ad intervalli di circa sei metri. Questo provò in pratica, che il segnale aveva il comportamento di un onda, che questa aveva una precisa frequenza e e che la sua velocità di trasmissione era finita. La velocità calcolata corrispondeva circa alla velocità della luce, provando di fatto le equazioni di maxwell.

2.4 Il coesore di Temistocle Calzetti Onesti

Più o meno nello stesso priodo in cui Hertz conduceva il suo esperimento, un italiano, Temistocle Calzetti Onesti, all'epoca professore di fisica presso un liceo di Fermo, svolgeva esperimenti sulla conducibilità di polveri metalliche. Per farlo utilizzava un piccolo tubo di vetro riempito di limatura di ferro o di altri metalli, con ai capi due terminali metallici.

Si rese presto conto che la conducibilità elettrica della polvere cambiava in presenza di sollecitazioni meccaniche, di campi magnetici e in presenza di temporali, cioè di radiazioni elettromagnetiche.

In pratica, una volta inserita della limatura di metallo all'interno del tubo, la resistenza che si osserva tra i due elettrodi è molto elevata, e praticamente non vi è alcun passaggio di corrente.

In presenza però di un campo magnetico, che può essere prodotto tanto da un magnete avvicinato al tubo quanto da un onda elettromagnetica, le polveri di metallo tendono ad orientarsi tutte nella stessa direzione, con un fenomeno di "coesione". In questo caso entrano in contatto l'una con l' altra, diventando conduttive.

Per capire meglio cosa succede in presenza di un campo magnetico possiamo vedere cosa succede a della limatura di ferro nel momento in cui questa viene avvicinata ad una calamita.

I singoli pezzetti di metallo tendono ad orientarsi lungo le linee di flusso del campo magnetico, e ad assumere tutti la stessa direzione.

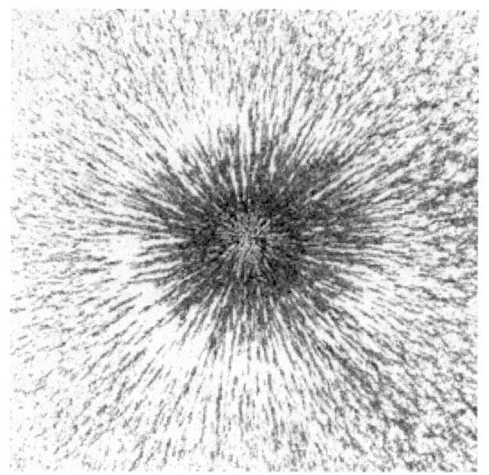

Dalla seconda figura vediamo poi che, diventando magnetici anch'essi, tendono a restare attaccati l'uno all'altro riducendo la resistenza al passaggio della corrente elettrica.

La riduzione di resistenza è così sensibile che il coesore può essere usato per far scattare un relè o per far suonare un campanello in presenza di radiazioni elettromagnetiche. Uno dei primi usi del coesore fu infatti la rivelazione di temporali in arrivo.

Un problema del coesore è quello che, una volta che le particelle si sono posizionate in modo da fornire una bassa resistenza elettrica, queste tendono a restare in posizione, e quindi quando il coesore è "scattato", non ritorna da solo in posizione di riposo. Torna però in posizione di riposo con una semplice sollecitazione meccanica. In pratica, battendo con le dita sul vetro del contenitore, la polvere metallica viene nuovamente messa in disordine, e quindi il passaggio di corrente viene interrotto.

Quasi subito per il coesore venne utilizzato il termine inglese di "coherer", e, migliorato dagli studi di Marconi, fu un componente fondamentale del telegrafo senza fili.

Mentre Calzetti Onesti suggerì la migliore combinazione di metalli da utilizzare per la realizzazione di un coesore molto sensibile, Marconi ne migliorò la struttura fino a poterlo usare per ricevere trasmissioni provenienti da grandi distanze.

Se vi siete procurati la bobina di un autovettura per usarla come rocchetto di rumkoff, oppure se avete la pazienza di permettervi di aspettare il primo temporale o semplicemente il primo "ciao" che passi di fronte a casa vostra, può essere interessante costruire un coesore in modo da valutarne direttamente il funzionamento.

Per prima cosa è necessario procurarsi della limatura metallica, e il metallo per cui è più semplice relerirla è il ferro. Purtroppo è anche il metallo meno adatto per costruire un coherer da utilizzare per tempi lunghi perchè si ossida facilmente, ma è adatto per fare qualche test. Altrimenti, se la vostra idea è quella di costruire un coesore da usare seriamente, e non un esperimento, grattuggiate con della carta vetrata un pezzetto di argento.

Credo che il modo più semplice per ottenere la limatura di ferro sia quello di usare una seghetta per metalli su una barretta di ferro e di raccogliere la polvere che cade durante il taglio. Ne basta poca. Volendo ottenere una polvere molto sottile, come ho fatto io, si può usare una piccola lima per metalli sulla sbarretta di ferro, lavorando su un piatto da cucina per raccogliere la polvere mano a mano che cade.

Poi dovremmo procurarci un tubicino di vetro aperto da entrambi i lati con un diametro interno di circa cinque millimetri. Io non ne ho trovato uno in casa, e quindi ho usato una piccola sezione di tubo di plastica (una trekking light da pesca, tagliata e svuotata dei suoi reagenti). Per questo tubicino ho avuto bisogno di costruire due tappi, e di collegare questi ad un terminale elettrico.

Questo può essere fatto in maniera semplice utilizzando un foglio di alluminio appallottolato, dopo avervi racchiuso un sottile filo elettrico da usare come elettrodo, infilato a forza dentro il tubo.

Quindi, tra i due tappi è possibile inserire un pizzico di limatura di metallo e siamo pronti a fare qualche esperimento con il nostro coesore fatto in casa, consolandoci pensando che, anche se avevano a disposizione materiali migliori, erano artigianali anche i coesori utilizzati da Volta e da Calzetti, e quindi probabilmente i risultati non saranno molto diversi dai nostri.

Non ho potuto fare il vuoto nel coesore, ma ho diligentemente chiuso gli estremi del tubicino con una goccia di colla, per evitare che il ferro si ossidi nel tempo e che i contati si spostino, variando le caratteristiche di funzionamento.

Riporto qui le foto del mio esperimento. Spero che le foto siano abbastanza chiare dato che il risultato è un oggetto piuttosto piccolo. Per capire le dimensioni: il tubo su cui il coesore è assemblato è lungo poco meno di tre centimetri.

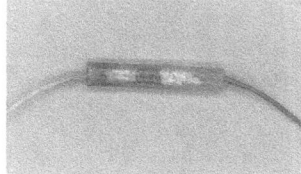

Per testare il funzionamento del coesore ho utilizzato un altro tipo di rocchetto di Rumkoff che usiamo solitamente nella nostra vita domestica, cioè un accendigas a scintilla.

Anche questo non è altro che un piccolo rocchetto di Rumkoff in cui il pulsante del primario viene sostituito da due transistor in modo da ripetere in continuazione la scarica. Oppure, nel caso di un accendigas molto vecchio, potrebbe sfruttare l'effetto piezoelettrico per produrre l'alta tensione, comprimendo un quarzo.

Il risultato per noi è comunque lo stesso: una scintilla, con una tensione di alcune migliaia di volts, che scocca tra due punti vicini tra loro, e che ci sarà utile per testare il comportamento del nostro coesore. Ho provato inoltre anche con una calamita, ottenendo buoni risultati.

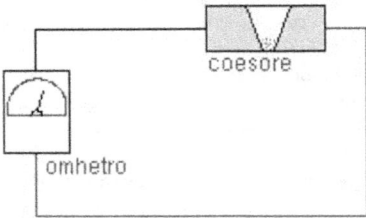

Il coesore, in condizioni normali, ha una resistenza interna superiore ai due megahom,abbastanza elevata da non muovere proprio la lancetta del mio ohmetro.

Avvicinando la calamita ad alcuni centimetri o facendo scoccare una scintilla con l'accendigas, la resistenza del coesore crolla bruscamente fono ad un valore di circa tre o quattro mila ohm. Sufficiente per permettere lo scatto di un relè.

Ripetendo la scarica più volte la resistenza si abbassa ancora un poco, ma comunque non di molto. Appoggiando una calamita al coesore stesso, o provocando una scarica a distanza molto ravvicinata (praticamente sopra) al coesore, questo passa ad avere una resistenza estremamente bassa, di circa quaranta ohm. Allontanando la calamita o interrompendo la scintilla, però, la resistenza risale al valore di circa quattromila ohm. Si tratta comunque di una situazione estrema, che è molto difficile da presentare in pratica.

Basta battere leggermente con un dito sulla superficie del tubicino del coesore per rimettere la polvere in disordine, tornando ad avere valori di resistenza elevatissimi.

Ho avuto la soddisfazione di vedere il coesore scattare da solo verso la situazione di bassa resistenza nel momento in cui il motore del frogorifero si è avviato, e quindi di avere la prova che il coesore possa ricevere un segnale anche se questo è trasmesso ad una certa distanza.

Direi che questo è il tipo più semplice di ricevitore radio che possiamo costruire, a meno che non vogliamo veramente cimentarci utilizzando come trasmettitore l' accendigas e come ricevitore la povera rana.

2.5   Gli esperimenti di Guglielmo Marconi

All' inizio del ventesimo secolo molti grandi scenziati si cimentarono in esperimenti sulla capacità di trasmettere informazioni utilizzando il campo elettromagnetico. Marconi ebbe il privilegio di essere il primo ad arrivare a trasmettere a distanze elevate, e quindi a poter fornire una applicazione commerciale agli strumenti finora descritti.

Purtroppo, passare dall' esperimento di Hertz ad una applicazione presenta molti più problemi di quanto sembri. Anche utilizzando un rocchettto di Rumkoff che dia tensioni molto elevate e un coherer veramente sensibile non fu infatti possibile, per molto tempo superare distanze superiori a poche centinaia di metri.

Anche rilevare i fulmini dei temporali, infatti, era una cosa possibile solamente quando il temporale era molto vicino, anche se sappiamo che la potenza emessa dal fulmine è elevatissima.

Come esempio vorrei mostrare una foto del professor Augusto Righi, nell' università di Bologna mentre generava in aula un arco voltaico. Anche con archi voltaici di questo tipo, purtroppo, non fu possibile raggiungere grandi distanze.

Marconi nacque a Bologna il 25 aprile 1874, e divenne in molti modi protagonista della nostra storia recente, anche politica. Molti biografi lo descrivono come un ragazzo che difficilmente socializzava, e che spendeva molto tempo nella costruzione dei congegni scientifici più disparati, tra cui ad esempio un campanello elettrico alimentato da una batteria. Anche essendo molto abile nel costruire apparecchi scientifici Marconi non ebbe grandi risultati scolastici, e quindi non si iscrisse ad alcuna università.

Attorno al 1895 Marconi lesse su una rivista scientifica le informazioni riguardanti l'esperimento di Hertz e pensò che, dato che teoricamente la trasmissione a grandi distanze sembrava possibile, fosse incredibile cha ancora non esistesse di questo fenomeno una realizzazione pratica.

Il fatto di abitare vicino proprio al professor Righi, che mise a parte di questa sua idea, lo aiutò a trovare le basi teoriche necessarie a risolvere il problema.

Una cosa curiosa è che proprio il professor Righi, che avea anche lui svolto studi per la trasmissione di segnali usando un campo elettromagnetico, lo sconsigliò dall'intraprendere la strada della telegrafia senza fili.

Gli permise comunque di accedere alla biblioteca dell'università, dandogli quindi la possibilità di approfondire i suoi studi.

Per prima cosa Marconi riprodusse gli esperimenti di Hertz utilizzando come rivelatore la spira con due sferette terminali. Dopodichè ebbe la buona idea di rilevare il segnale emesso dal rocchetto di Rumkoff utilizzando il coherer.

Anche non avendo elevate conoscenze scientifiche, Marconi procedette a svolgere esperimenti, modificando la forma ed il metallo contenuto nel coherer, fino a migliorarne di molto il funzionamento.

Scoprì infatti che il miglior rendimento del coesore si otteneva utilizzando come metallo un miscuglio composto per piccola parte di limatura di argento e in maggior parte di nickel, ridotto in granellini di polvere finissimi e tutti della stessa dimensione, posto tra due tappi di argento.

Scoprì inoltre che per una buona ricezione era necessaria una piccola quantità di polvere, e che la parte del coesore fatta per contenere le particelle doveva essere molto piccola, e i due terminali vicini.

Decise inoltre di "creare il vuoto" nell'ampolla in cui era contenuta la polvere.. O meglio di ridurre la pressione all'interno di questa, dato che all'epoca era un problema creare un vero e proprio vuoto, e vide che il comportamento del coesore migliorava ancora.

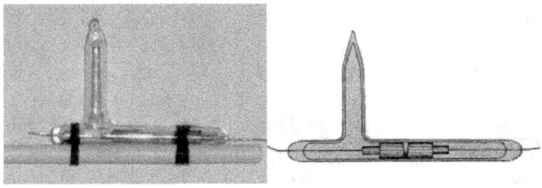

In figura si può vedere una foto e a fianco uno schema del Coherer utilizzato da Guglielmo Marconi. Come si osserva, i due elettrodi d'argento sono costruiti in modo da formare un piccolo interspazio a V, tra cui c'è la polvere. Marconi nel 1894 osservò come riducendo al minimo la quantità di finissima polvere metallica, la sensibilità del rivelatore diventava maggiore. Il tubetto di vetro è saldato, per ottenere un leggero vuoto; il suo diametro è 5 mm.

Marconi descrisse il suo primo esperimento usando il coesore, che gli permise di trasmettere un segnale radiofonico da un capo all'altro del suo laboratorio. Utilizzò per trasmettere quello che ancora oggi viene chiamato "oscillatore di righi", cioè una modifica di quello utilizzato da Hertz. In pratica, due sferette usate per generare la scintilla, anzichè trovarsi sopra il rocchetto di Rumkoff, vengono poste nel fuoco di una parabola costruita con una lamiera di zinco. La parabola funziona come riflettore delle onde elettromagnetiche, permettendo di inviarle tutte in una definita direzione anzichè disperderle in maniera uniforme nello spazio. Lo schema del primo prototipo di telegrafo senza fili è piu o meno questo in figura:

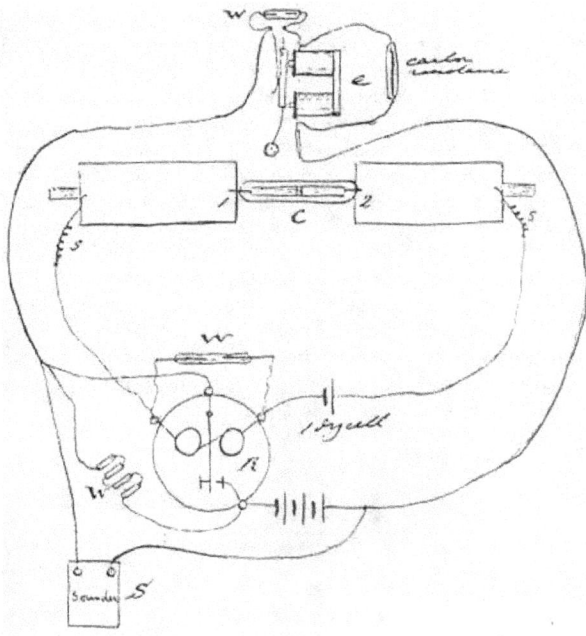

Dato che è difficile da leggere, in quanto si tratta probabilmente di uno schizzo realizzato da Marconi stesso, provo a ridisegnarlo in maniera un pò più pulita. Dovrebbe corrispondere al circuito in figura qui sotto:

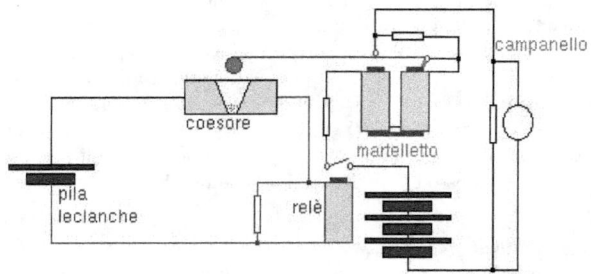

è costruito da due sezioni: la prima è un semplice ricevitore composto da una pila leclanche, un coesore e da un relè. Dato che attraverso il coesore non possono passare correnti elevate non è possibile usarlo per alimentare molti apparati. Il coesore viene allora usato solamente per alimentare un sensibile relè, che scatta nel momento in cui questo si magnetizza chiudendo un contatto. La tensione necessaria per questa operazione non è elevata, ed è quindi sufficiente l'utilizzo di una pila da 1.5 volts.

Alla chiusura del rele un secondo circuito, alimentato stavolta da una pila composta da tre elementi in serie, e quindi con una tensione di circa 4.5 volts, viene percorso da corrente. Quando la corrente lo attraversa vengono alimentati sia un campanello che un elettromagnete che abbassa un martelletto, forzandolo a battere sul coesore. Appena il martello batte sul vetro del coesore la polvere perde l'ordine che aveva ottenuto a causa della scarica elettromagnetica e smette di condurre. Il relè allora torna in posizione di riposo, togliendo l' alimentazione a campanello e martelletto.

Sul circuito ci sono tre resistenze a carbone. Marconi le introdusse perchè, durante la commutazione del rele o lo scatto del martelletto, veniva generata una sovratensione, e quindi un impulso elettromagnetico che poteva disturbare il coesore, eccitandolo nuovamente. Le resistenze hanno lo scopo di ridurre questi disturbi, facendo in modo che il coesore reagisca ai soli impulsi elettromagnetici di origine esterna. Una volta costruito questo apparato, Marconi si occupò di svolgere esperimenti per fare in modo di poter trasmettere o ricevere a distanze elevate. Uno dei problemi che si prefisse di risolvere fu quello di aumentare la lunghezza d'onda del trasmettitore, pensando che a lunghezze d'onda più ampie, cioè a frequenze più basse, corrispondesse una distanza di tasmissione maggiore. Per farlo mise delle lastre di rame collegate alle sferette tra cui scoccava la scintilla nel trasmettitore, e due lastre di rame, collegate allo stesso modo, ai capi del coesore sul ricevitore. Non ottenne l' effetto voluto, ma casualmente, fece una scoperta che gli permise di risolvere il problema. Posso citare direttamente le parole da lui usate per descrivere l'accaduto:

"tenevo per caso una delle piastre di metallo a una notevole altezza dal terreno e avevo messo l'altra a terra. Con questo espediente i segnali divennero così forti che mi permisero di aumentare fino a un chilometro la distanza di trasmissione. Da quel momento il ritmo dei progressi andò bruscamente accelerando."

In pratica, Marconi fu il primo a rendersi conto che una parte fondamentale del sistema di trasmissione è costituita non solamente dal rocchetto e dalle sferette tra cui scoccano le scintille, ma che è necessario, per poter trasmettere o ricevere, avere un terminale dell' apparato connesso a terra con un contatto a bassa resistenza, e avere l'altro terminale libero, in modo da poter trasmettere nello spazio. La terra si comporta infatti come un conduttore, dando un terminale comune a quanto esce dall' antenna del trasmettitore e a quanto ricevuto dal ricevitore.

Una volta raggiunti questi risultati Marconi si rivolse al Ministero delle Poste e Telegrafi italiano per un aiuto nello sviluppo, che gli fu rifiutato. Registrò allora il brevetto e rivolse la stessa richiesta al Ministero delle Poste a Londra, che accettò.

Da questo momento il lavoro di Marconi vide molti successi che lo resero famoso nel mondo fino ad arrivare, nel dicembre 1901, alla prima trasmissione telegrafica transoceanica. Il campanello che era usto per ricevere il segnale venne sostituito con un altro martelletto che batteva su un nastro di carta che scorreva lentamente permettendo di registrare le comunicazioni telegrafiche. Durante questi anni le maggiori distanze si raggiunsero con l'uso di antenne sempre più lunghe e con tensioni più elevate ma fondamentalmente utilizzando varianti dello schema originale di Marconi sia per il trasmettitore che per il ricevitore.

Anche in questo caso è possibile fare degli esperimenti pratici con un semplice coesore, costruito come ho fatto io nel capitolo precedente partendo da un tubicino o semplicemente acquistato su ebay. Esistono aziende americane che lo fabbricano secondo le specifiche di Marconi e lo vendono a cifre accessibili proprio per gli hobbisti in vena di esperimenti. Oggi come oggi non è più conveniente costruirsi da soli i relè ma conviene acquistare da un rivenditore dei componenti già completi e funzionanti con basse tensioni di alimentazione. Per quello che riguarda l' alimentazione è sempre possibile utilizzare una batteria di pile, anche se può essere il caso di utilizzare una tensione di alimentazione un pò superiore a quella utilizzata originariamente, in primo luogo perchè oggi è piu semplice reperire le pile a basso costo, e in secondo perchè è difficile trovare in commercio rele costruiti per funzionare con tensioni della bobina inferiori a quattro o cinque volts.

Un punto critico del ricevitore di Marconi è il sistema di antenna e terra. Infatti, utilizzando il rocchetto di Rumkoff per emettere una scarica, questa oscilla ad una frequenza che è legata alla lunghezza dell' antenna.

L' antenna del trasmettitore e quella del ricevitore dovrebbero allora avere la stessa lunghezza, cosicchè i due circuiti risuonino circa alla stessa frequenza.

Inoltre, più piccola è l'antenna e più alta sarà la frequenza a cui l'apparato lavora.

Per ottenere buoni risultati e coprire grandi distanze è necessario restare a frequenze piuttosto basse, e quindi avere antenne di trasmissione e ricezione molto alte, dell' ordine di alcuni metri.

Chapter 3

Dal telegrafo senza fili verso la radiofonia

Da questo momento in poi, avendo un brevetto che copriva in pratica la possibilità di realizzare trasmettitori e ricevitori radiofonici, la storia della radio ruota intorno agli sviluppi introdotti dalla "Marconi's company", che, avendo Guglelmo Marconi sempre a capo, sarà l'azienda che beneficierà più delle altre dei progressi scientifici per introdurre nuove tecnologie nel campo della trasmissione e ricezione di segnali radiofonici.

La radio iniziò rapidamente a svilupparsi. Il semplice ricevitore a coesore e la trasmittente a scintilla si dimostrarono infatti uno strumento sufficiente, con poche modifiche, a permettere una vera e propria comunicazione a distanza.

3.1 I trasmettitori commerciali

L' apparato inventato da Marconi permetteva infatti di far scattere un contatto a distanza quando una scintilla veniva emessa verso l' antenna trasmittente. Questo permette una comunicazione, ma il protocollo di questa comunicazione deve essere per forza molto limitato.

Per poter trasmettere qualcosa di sensato era infatti necessario che, anzichè inviare l'impulso elettromagnetico corrispondente ad una singola scintilla, fosse possibile almeno inviare un treno di impulsi elettromagnetici in sequenza. Allora sarebbe stato possibile riconoscere, almeno, un impulso di breve durata da uno di lunga durata.

In pratica il primo problema che la compagina Marconi si pose per lo sviluppo commerciale del ricevitore a coesore fu quello di sostituire il telegrafo, che all' epoca permetteva di comunicare a lunghe distanze attraverso un filo, con un apparato dal funzionamento simile, il telegrafo senza fili, che funzionasse allo stesso modo ma senza la necessità di avere una linea tra i punti.

Questo risultava utile per prima cosa nei casi in cui non era possibile avere una linea telegrafica, quindi ad esempio sulle navi, su isole o in posti molto lontani da altri luoghi abitati.

Per capire come vennero realizzati questi primi ricetrasmettitori vediamo lo schema di un semplice telegrafo.

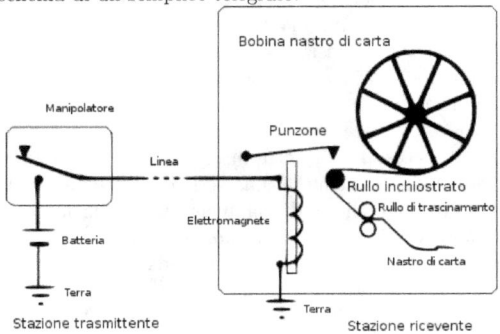

Si tratta di uno schema molto semplice, anche se si tratta solamente di uno schema di principio. In realtà è necessario un meccanismo che permetta un trascinamento uniforme della carta, inoltre il manipolatore è di realizzazione complessa se si vuole utilizzarlo rapidamente, e così via.

Quando il manipolatore viene abbassato la corrente flusice sulla linea e raggionge la bobina dell'elettromagnete sul ricevitore. Questo deve essere sensibile in modo da funzionare anche se il filo sarà molto lungo.

L' elettromagnete, al passaggio della corrente, attirerà il punzone che lascerà un piccolo segno sul nastro di carta premendolo sul rullo inchiostrato.

In questo caso la comunicazione può avvenire accontentandosi di una trasmissione impulsiva: sulla carta viene registrato solamente il momento in cui il tasto viene abbassato e non quello in cui il tasto viene rialzato, ma è possibile risalire al messaggio dalla lunghezza dei vari punti. Un tratto breve viene chiamato "punto" mentre un tratto lungo viene chiamato "linea", e insieme formano i due simboli del codice morse. Combinando questi due simboli e ripetendoli più volte è possibile comporre tutte le lettere dell' alfabeto e quindi inviare un messaggio arbitrario.

Nel caso della radio questo meccanismo potrebbe essere impreciso, infatti le cause di un segnale impulsivo che raggiunga il ricevitore potrebbero essere diverse dalla scintilla emessa dal trasmettitore, e quindi questo potrebbe rendere inintelligibile la comunicazione, ad esempio se c'è un temporale tra i due punti.

La trasmissione sarà molto più chiara nel caso in cui, anzichè emettere una singola scintilla quando il manipolatore verrà abbassato saranno emesse una serie di scintille staccate di pochi centesimi di secondo l'una dall' altra, che termineranno nel momento in cui il manipolatore verrà rialzato.

In questo caso l' informazione trasmessa riguarda l'intero intervallo di tempo per cui il manipolatore è rimasto abbassato. E' allora possibile distinguere tra impulsi di breve durata (punti) e di lunga durata (linee) e usare ancora l' alfabeto morse.

Per fare questo è però necessario disporre di uno strumento che permetta di inviare, anzichè una singola scintilla, una serie di scintille staccate l' una dall' altra di un breve intervallo, e di mantenere possibilmente questo intervallo costante in modo che il segnale sia sempre chiaro.

Per le trasmittenti telegrafiche senza fili vennero fondamentalmente usati due distinti tipi di schema: uno adatto a luoghi dove fosse già presente la tensione di rete, che come oggi era alternata, e uno adatto alla trasmissione partendo dalle batterie, in grado di fornire una sola tensione continua.

Nel caso di tensione alternata ottenere una sequenza di scintille anzichè una scintilla singola era un operazione abbastanza semplice. Il rocchetto di Rumkoff, usato nei primi prototipi per ottenere l' alta tensione, può infatti essere sostituito con un semplice trasformatore il cui primario abbia poche spire e con un secondario che ne abbia un numero molto elevato. Ci troveremo allora ad avere una tensione alternata con un valore massimo molto elevato. Due punte di metallo, poste tra loro ad una distanza adeguata, possono allora essere usate per far scoccare una scintilla nel momento in cui la tensione supera un certo valore (sicuramente era necessaria una taratura manuale della distanza tra le punte).

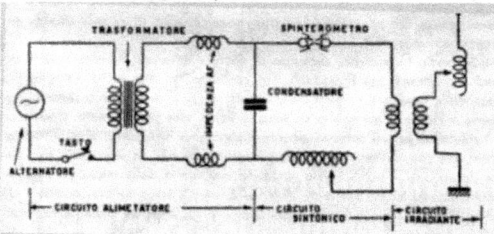

Bobina e condensatore servono a fare in modo che l' oscillazione generata dalla scintilla sia attorno ad una definita frequenza. Variando l'induttanza della bobina la frequenza di lavoro verrà modificata, permettendo di trasmettere su diversi canali. Il canale utilizzato, in realtà, dovrà essere adattato anche all' antenna, che si comporta ancora come un circuito risonante, altrimenti la qualità della trasmissione non sarà ottimale.

Nel caso di presenza di sola corrente continua, invece, è necessario fare qualcosa di più complesso.

Davanti al rocchetto di Rumkoff va inserito un disco di metallo, che solo ad intervalli tocca una puntina causando il passaggio della corrente nel rocchetto e quindi la scintilla. Un motore elettrico viene utilizzato per mantenere in rotazione il disco a velocità pressochè costante.

Questo sistema, ideato da Reginald Fessenden, che lavorava per Marconi, venne utilizzato per le prime trsmissioni a lunga distanza.

La figura mostra il trasmettitore di Fessenden. Come si può vedere c'è un motore elettrico che fa ruotare un disco contornato da sferette metalliche distanziate tra loro. Quando queste sferette toccano (o in questo caso si avvicinano abbastanza) la punta ci può essere passaggio di corrente.

Il tasto telegrafico verrà allora utilizzato per decidere se far passare o meno la corrente nel primario del rocchetto di Rumkoff, mentre il motore del disco girerà sempre alla stessa velocità.

Il risultato è che, alla frequenza della portante, verrà emesso un tono modulato con una frequenza dipendente dal numero di contatti al secondo tra le sferette e la punta.

Il trasmettitore è molto grande e la potenza trasmessa molto elevata.

Con l' inizio del ventesimo secolo gli inventori inizieranno ad investigare su altri campi, portando alla realizzazione dei dispositivi ancora in uso nell' elettronica moderna.

Il passo successivo, infatti, fu quello di sostituire la trasmissione di impulsi di breve durata con una trasmissione continua che permettesse di ottenere il passaggio della voce, e poco più tardi anche delle immagini.

Anche in questo caso una serie di esperimenti teorici compiuti da diversi studiosi di fisica mostrarono la strada per questa evoluzione.

3.2 Il vuoto assoluto

Nel diciannovesimo secolo i fisici iniziarono a svolgere esperimenti sul comportamento dei gas, investigandone la natura. Per farlo c'era la necessità di modificare la pressione a cui si trovava il gas, e valutarne il comportamento in diversi stadi.

Comprimere un gas o espanderlo all' interno di un cilindro sembra oggi facile, ma all' epoca non era possibile produrre strumenti meccanici che avessero la precisione di quelli odierni, e non era disponibile la gomma per realizzare guarnizioni. Molte ricerche erano volte al metodo per ottenere una pompa che potesse portare la pressione all'interno di un ampolla di vetro a livelli prossimi allo zero, per indagare il comportamento di gas quando questi divengono molto rarefatti.

La strada era già segnata da Torricelli, allievo di Galileo, che nel 1644 compiendo un esperimento, scoprì il cosiddetto "vuoto torricelliano". Riempì infatti un tubo di vetro di circa un metro di lunghezza chiuso ad una estremità con del mercurio, e mise l'estremità aperta del tubo in una ciotola contenente ancora mercurio. Se alcuni di voi hanno fatto questa prova con un bottiglia d'acqua vedranno che l'acqua all' interno della bottiglia, anzichè cadere nel piatto, rimane dentro la bottiglia perchè non è possibile che dentro la bottiglia entri aria a sostituire l' acqua.

Con il mercurio accade però qualcosa di differente.

Il mercurio è infatti molto più pesante dell'acqua, e la pressione causata da una colonna di mercurio di un metro è più alta della pressione atmosferica. Per il principio dei vasi comunicanti tra il tubo e l' atmosfera stessa, allora, il livello del mercurio nel tubo deve tendere ad abbassarsi fino a compensare la pressione atmosferica. Questo succede e l' altezza del mercurio nel tubo raggiunge circa i settantasei centimetri.

Un tubo costruito in questo modo si è dimostrato uno strumento molto utile, essendo da allora usato per misurare la pressione atmosferica.

Allora la domanda è: cosa rimane nel tubo nel momento in cui il mercuiro scende? Sicuramente non aria perchè questa non può filtrare attraverso il mercurio. Torricelli giunse alla conclusione che nella colonna ci fosse il vuoto assoluto.

La cosa, che oggi può sembrare normale, fu molto difficile da accettare per il mondo scientifico del tempo. Infatti una delle teorie ideate da Aristotele e fino a quel tempo non smentita era quella dell' "Horror vacui", cioè la constatazione che "la natura rifugge il vuoto". Questo avrebbe portato alla non esistenza del vuoto,in quanto ogni spazio vuoto sarebbe stato riempito dal liquido, o da un gas. Ma in questo caso il mercurio nella colonna non sarebbe sceso.

Per arrivare dall' esperienza di Torricelli ad una macchina che fosse effettivamente in grado di fare il vuoto, o meglio di ottenere una pressione estremamente bassa di gas all'interno di un tubo di vetro furono necessari altri cento anni circa.

Nel 1865, nell' epoca in cui si svolgevano i primi esperimenti di illuminazione elettrica, Herman Sprengel riuscì a cogegnare un sistema piuttosto semplice che però permise di ottenere un vuoto molto spinto, cioè con una pressione di gas residuo così bassa come non si era mai raggiunta in precedenza.

Per farlo utilizzò solamente un tubo di vetro con una forma particolare, e un paio di contenitori contenenti mercurio come nello schema in figura.

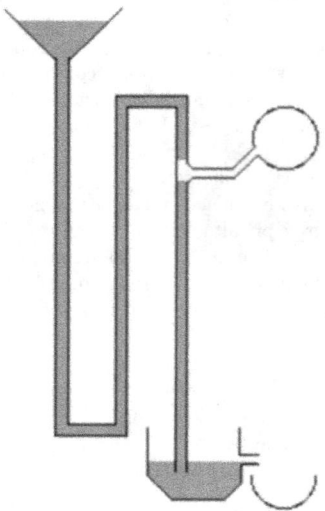

La colonna di vetro ha infatti una deviazione a "T", e rimane da un lato un bulbo.

41

Il sistema funziona secondo il principio di Torricelli, versando del mercurio nell' imbuto in cima alla colonna di vetro. Quando il mercurio attraversa la colonna passa nella sezione a "T" e porta con se una parte dell' aria contenuta nel bulbo, dopodichè va a cadere nel contenitore in fondo.

Il mercurio in eccesso cade in una ciotola, ed è possibile prenderlo e portarlo nuovamente nell' imbuto, prima che questo sia vuoto. Ripetendo questa operazione più volte tutta l'aria presente nel bulbo viene estratta, e in pochi minuti si ottiene un vuoto molto elevato. Arrivati al limite si sente uno schiocco dal bulbo e in questo, spegnendo le luci, si possono osservare dei bagliori. La pressione nel bulbo, in questo caso, arriva a un millesimo di Torr (l' equivalente di una colonna di 0,76 millimetri di mercurio) e il tubo può essere utilizzato per osservare effetti termoionici.

A questo punto basta surriscaldare il vetro tra la colonna e il bulbo perchè questo collassi chiudendo il tubo.

Questa macchina, molto semplice da realizzare, fu usata per molti anni per la produzione di tubi a vuoto, e fu usata da Fleming per i suoi esperimenti.

Sarebbe stato interessante svolgere qualche prova costruendo dei tubi a vuoto, ma purtroppo, o forse per fortuna per la mia salute, oggi è vietata la commercializzazione del mercurio.

Ho provato a cercare altre leghe, liquide a temperatura ambiente e con alto peso, come ad esempio il gallinstan che è un composto di gallio e altri metalli, meno tossico, ma purtroppo è possibile acquistarne solo piccole quantità e a costi molto elevati.

Per fare lo stesso tipo di esperimenti utilizzando liquidi a bassa densità, come l'acqua, sarebbe necessario costruire una colonna rigida di altezza molto maggiore, attorno ai tredici metri, e quindi sarebbe necessario almeno provare al quarto piano di un palazzo.

3.3 L' "Effetto Edison"

Attorno al 1878 Edison, già famoso per l' invenzione del fonografo avvenuta l' anno precedente, iniziò la commercializzazione della lampadina, dopo aver perfezionato il filamento in carbonio, da inserire al suo interno, in modo da conferire alla lampada una durata ragionevole.

La lampadina emette luce perchè un sottile filo di metallo viene percorso da corrente, surriscaldandosi fino a diventare luminoso. Per evitare che il filamento in carbonio della lampadina si interrompesse in tempi molto brevi, era necessario fare in modo che questo non potesse reagire con l'ossigeno atmosferico, bruciandosi.

Per farlo, le prime lampadine vennero realizzate utilizzando tubi a vuoto. Oggi si può lavorare diversamente, inserendo nel bulbo della lampadina dei gas che non possano ossidare il filamento.

Durante gli esperimenti per perfezionare la propria invenzione si imbattè però in un problema, da allora chiamato "effetto Edison", descritto da lui e dai suoi collaboratori come un fenomeno negativo che causava la riduzione della vita utile della lampadina.

Durante il funzionamento della lampadina, che all'epoca era alimentata da tensione continua, il vetro tendeva ad annerirsi, ma solamente vicino ad uno dei due terminali del filo, in particolare il terminale che corrispondeva al polo negativo della tensione di alimentazione.

Edison rilevò la presenza di una corrente da questo polo negativo verso il vuoto, che causava la migrazione di particelle di metallo dal filamento verso il vetro annerendolo.

Non ottenne però grandi risultati commerciali da questo fenomeno, cosa che poco tempo dopo fece il fisico inglese John Ambrose Fleming.

3.4 Ambrose Fleming e i tubi a vuoto

Ambrose Fleming nacque nel 1849 a Lancaster. Studio all' Università di Cambridge dove fu allievo di Maxwell, per poi diventare professore di fisica e matematica all'università di Nottingham.

Nel 1882 Fleming lasciò questo lavoro per diventare "Elettricista" alla "Edison Electrical Light Company", per poi tornare nuovamente ad un università. Nel 1899 divenne poi consulente scientifico presso la compagnia Marconi.

Si può qundi dire che, Quando Fleming nel 1904 si ritagliò il suo posto nella storia con il brevetto del diodo, già conoscesse due dei grandi protagonisti dell' innovazione scientifica. Infatti Fleming pensò di costruire un rivelatore per le oscillazioni elettromagnetiche che sostituisse il coesore, composto da due elettrodi racchiusi in un bulbo di vetro a vuoto: l'uno (il catodo) elettricamente riscaldato ed emette elettroni; l'altro (l'anodo) che riceva gli elettroni.

Si rese infatti conto, approfondendo l' effetto Edison, che la corrente in un tubo a vuoto scorre in una sola direzione, cioè dal terminale a più bassa tensione verso il terminale a tensione più alta, e solamente quando il terminale di bassa tensione è riscaldato. In figura c'è una fotografia del tubo a vuoto che Fleming usò per svolgere i propri esperimenti.

In pratica si tratta di una lampadina, il cui filamento si trovi nel vuoto, a cui è affiancata un plachetta di metallo, detta anodo.

Riscaldando il filamento questo inizia ad emettere una nuvola di elettroni. Questi elettroni, se la placca posta a fianco del filamento è a un potenziale più alto del filamento stesso, possono spostarsi attraverso il vuoto raggiungendo l'anodo. Tra filamento e anodo c'è allora una corrente. Se invece l' anodo si trova ad un potenziale più basso rispetto al filamento gli elettroni vengono da questo respinti e non c'è alcun passaggio di corrente. Decise di chiamare questa sua invenzione "valvola oscillatoria", e venne chiamata anche kenotron, per poi essere chiamata universalmente diodo.

Sostituendo il coesore di Marconi con un "circuito accordato" a cui sia affiancato un diodo di Fleming, infatti, viene generata una tensione continua e misurabile con un galvanometro in presenza di un onda elettromagnetica. Lo schema è rappresentato qui sotto: anche in questo caso si tratta di uno schema piuttosto semplice.

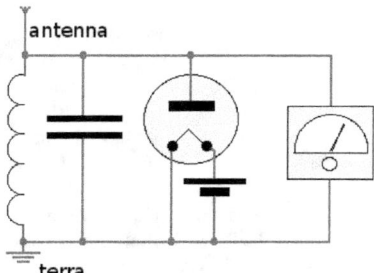

In pratica il sistema funziona così: la batteria ha il solo scopo di mantenere caldo il catodo del diodo, facendolo funzionare correttamente. La tensione necessaria dipende da come il diodo è costruito. Nelle prime versioni si utilizzava una tensione di circa 1.5 volts, in modo da poter alimentare il componente con una pila a secco. Le ultime valvole avevano tensioni di alimentazione più alte, solitamente tra 4 e 12 volts circa.

Il circuito risonante è costituito dall' insieme di una bobina e di un condensatore. In un circuito elettrico, infatti, un condensatore posto in parallelo ad una sorgente di segnale si comporta come filtro passa basso, riducendo la potenza della parte di segnale la cui frequenza sia superiore ad un certo limite. L' induttanza ha un comportamento opposto, riducento di fatto la potenza della parte di segnale la cui frequenza si inferiore ad un certo limite.

Mettendo in parallelo tra loro una induttanza e una capacità, e mettendole entrambe in parallelo ad una sorgente di segnale, si verifica il fenomeno della risonanza. Dato che entrambi questi componenti funzionano accumulando temporaneamente dell' energia, mettendoli assieme c'è una particolare frequenza a cui questa energia, anzichè essere persa nelle resistenze parassite del circuito per effetto joule, viene continuamente portata dal condensatore alla bobina, e in pratica viene amplificata.

La sorgente, per il circuito risonante composto da bobina e condensatore è la coppia antenna/presa di terra. Tra un antenna e un filo connesso a terra, infatti, c'è sempre una tensione, corrispondente all' insieme di tutti i disturbi elettromagnetici indotti sull' antenna dallo spazio esterno.

Il circuito risonante, rispondendo solamente ad una frequenza, peremtte di discriminare tra tutti i disturbi che l'antenna riceve, per ottenere solamente i segnali alla frequenza di risonanza.

Il brevetto per l'uso dei primi circuiti risonanti fu rilasciato alla compagnia Marconi nel 1898. Sia il trasmettitore che il ricevitore erano modificati in modo da poter emettere e ricevere energia solamente in corrispondenza di una precisa frequenza, definita da un circuito risonante composto da una bobina e da un condensatore. Il sistema permetteva infatti di comunicare contemporaneamente utilizzando diversi "canali" che non si distrurbassero tra loro, anche da uno stesso punto.

La trasmissione era però comunque impulsiva: una scintilla veniva sempre utilizzata per innescare un fenomeno di oscillazione, che dopo un certo tempo si smorzava spontaneamente.

è più o meno quello che succede attaccando un piccolo peso in fondo ad una molla. C'è una frequenza a cui questo sistema tende ad oscillare, legata al peso e alla resistenza della molla stessa, e basterà far oscillare il supporto della molla anche leggermente con le dita per vedere l' oscillazione amplificata in corrispondenza del peso.

Il meccanismo massa-molla è allora un sistema risonante, e risonante ad una specifica frequenza.

Per qualunque altra frequenza, questo non succede.

Se cercassimo di misurare con un galvanometro il segnale ottenuto all' uscita di un circuito risonante senza utilizzare il diodo il risultato sarebbe sempre zero. Questo perchè l' oscillazione elettromagnetica emessa dall' oscillatore di Righi si comporta come un onda, con un andamento sinusoidale, come in figura, smorzandosi gradualmente nel tempo.

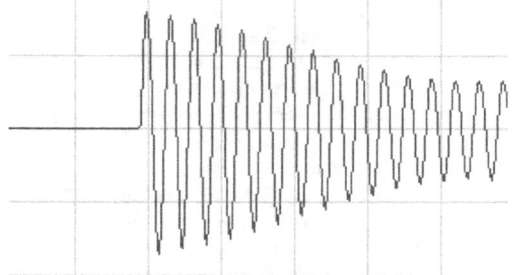

La media di una sinusoide di questo tipo è sempre zero.

La presenza del diodo nel circuito altera però le cose. Infatti, dell' onda ottenuta, solo la parte negativa rispetto alla terra sarà presente all' uscita, mentre la parte positiva verrà cortocircuitata verso la terra stessa. Il risultato è l' onda qui sotto:

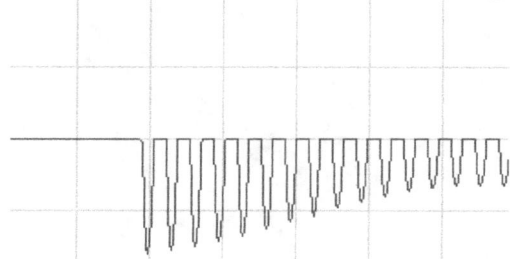

La media del segnale ottenuto non sarà quindi zero, ma dipenderà dalla reale ampiezza dell'onda. Il galvanometro, allora, misurerà un valore diverso da zero nel momento in cui la radiazione elettromagnetica verrà emessa, e zero altrimenti.

Un circuito costruito in questo modo, utilizzando un diodo e un circuito risonante, è già sufficiente per ricevere un segnale radiofonico. Collegando all'uscita del circuito una cuffia invece di un galvanometro, infatti, è possibile sentire un sonoro "tick" nel momento in cui l' onda elettromagnetica, generata dalla scintilla è ricevuta. E anche della musica, se avete la fortuna di avere il circuito risonante accordato sulla frequenza di una stazione radiofonica molto vicina e l' orecchio abbastanza buono (non ci sperate).

Il diodo funziona allo stesso modo sia che la tensione applicata tra catodo e anodo sia molto piccola, come nel caso del segnale radiofonico ricevuto da un circuito accordato, che nel caso che questa tensione sia elevata, e magari che sia elevata anche la corrente.

Trovò quindi subito uso nel raddrizzare la corrente alternata per ottenere una tensione continua, interrompendo di fatto la discussione tra la Westinghouse e la Edison company, la prima delle quali pubblicizzava e produceva sistemi di distribuzione dell'energia basate sulle correnti alternate, mentre la seconda utilizzava per la distribuzione la corrente continua.

In pratica, dato che con il diodo diventava semplice trasformare una tensione alternata in continua, mentre non era agevole l' operazione contraria, divenne ovvio che fosse più utile trasferire sulle linee elettriche una tensione alternata che una continua, potendo comunque disporre della continua dove necessario.

3.5 Il ricevitore a baffo di gatto

L' idea di utilizzare un diodo per ricevere segnali radiofonici era molto interessante. Permetteva infatti di ottenere ricevitori molto sensibili, e anche piuttosto semplici circuitalmente. E' all'incirca dello stesso periodo, però, un idea ancora più innovativa: il ricevitore a baffo di gatto.

Infatti, praticamente dal momento in cui le stazioni di Marconi iniziarono a trasmettere segnali radiofonici, nacquero i primi radioamatori che con strumenti casalinghi, spesso a costi bassissimi, cercavano di captare le trasmissioni telegrafiche.

L' impresa non era particolarmente complessa perchè le stazioni dell' epoca, per coprire distanze oceaniche, trasmettevano con potenze elevatissime, utilizzando una sequenza di scintille di durata diversa per i due simboli del codice morse.

Si scoprì in breve tempo che il contatto tra alcuni, e molto disparati, materiali e un elettrodo di metallo può comportarsi come un primitivo diodo, facendo passare in maniera diversa l' una e l' altra semionda di un onda elettromagnetica ricevuta da un circuito risonante, o nei casi migliori facendone passare una per bloccare quasi completamente l' altra.

In particolare certi minerali metallici, come ad esempio la galena, possono essere usati per rilevare il segnale. Gli apparati così realizzati sono chiamati ricevitori a cristallo o ricevitori a baffo di gatto.

Il diodo viene sostituito da un cristallo del minerale, fissato su una superficie di metallo. Mentre uno dei due contatti al componente è saldamente fissato al supporto di metallo, l'altro è realizzato toccando leggermente la superficie del cristallo con un sottile filo di metallo. Questo filo è appunto chiamato "baffo di gatto".

Specie nei periodi di guerra vari tipi di minerale o di altri materiali vennero utilizzati come rilevatori. Ci sono addirittura notizie di ricevitori realizzati utilizzando come rilevatore il contatto tra una punta di matita e una lametta da barba, in cui la matita fa le veci del baffo di gatto, o tra una fettina di patata e un supporto di metallo.

Il primo brevetto per un raddrizzatore a baffo di gatto, costruito con un cristallo di silicio, risale al 1906 ed è dell' americano Greenleaf Whittier Pickard. è interessante notare che l' effetto di raddrizzamento era ottenuto dal contatto tra il baffo di metallo e lo strato di silicio, e si trattava a tutti gli effetti del primo dispositivo a semiconduttore realizzato al mondo.

Lo schema, anche se può avere molte varianti, è praticamente identico a quello disegnato precedentemente per il ricevitore con un diodo.

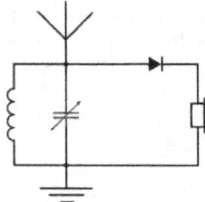

Un circuito risonante viene costruito con una bobina di filo e un condensatore, o anche semplicemente con la bobina, e sfruttandone le capacità parassite come condensatore. La sintonia può essere ottenuta in due modi: variando l' induttanza della bobina oppure la capacità del condensatore.

Variare l' induttanza di una bobina significa modificarne il numero di spire. All' epoca questo veniva fatto avvolgendo la bobina composta da filo di rame smaltato su un supporto tubolare, e poi rimuovendo dal filo parte dello smalto con della carta vetrata. Un cursore poteva allora essere realizzato con un contatto metallico che toccava il tubo e che poteva scorrere su questo. Essendo la soluzione più semplice e più a basso costo molte radio a cristallo sono state realizzate utilizzando questo meccanismo.

Per variare la capacità di un condensatore si può procedere in due modi distinti: variando la distanza tra due armature di metallo o variando l'area di una armatura che si trova direttamente affacciata con un altra armatura. Entrambe le soluzioni sono state usate per fabbricare radio, anche se solitamente si preferisce modificare la superficie di una armatura affaciata sull'altra rispetto al modificare la distanza, perchè è meccanicamente più facile farlo e il risultato è una capacità che varia in maniera più lineare.

Dato che le bobine e i condensatori variabili saranno un componente fondamentale per realizzare radio sperimentali me ne occuperò in dettaglio in una sezione più sotto, mostrando i risultati dei miei esperimenti.

Nella foto c'è l' immagine di una radio a cristallo venduta in kit attraverso internet. Anche se si tratta di un kit ancora in commercio il metodo di realizzazione e lo schema sono ancora quelli dell'epoca.

Per semplificare il lavoro all' assemblatore e per migliorare le qualità del ricevitore, oggi, il cristallo di galena viene normalmente sostituito con un diodo al germanio, cioè con un componente elettronico che ha un comportamento migliore, soprattutto per segnali molto deboli.

Ricevere un segnale con una radio a cristallo è una operazione piuttosto difficile. Specialmente se come me, si vive in una zona collinare, dove i segnali arrivano già smorzati dalle asperità del territorio. Ma se si ha la fortuna di essere ragionevolmente vicini ad un trasmettitore radiofonico è possibile usare questo tipo di ricevitore per sentire almeno i canali nazionali.

Dato che il ricevitore non ha alcuna amplificazione e che i segnali ricevuto sono molto deboli è necessario avere un ottima antenna e un buon collegamento di terra.

Per ottima antenna intendo un antenna veramente lunga, come ad esempio dieci o venti metri di filo elettrico sospesi a qualche metro da terra, e ben isolati da questa. La presa di terra può essere un picchetto piantato direttamente al suolo. Non è consigliabile utilizzare la presa di terra dell' impianto elettrico della propria abitazione perchè molti degli apaprecchi elettrici della casa possono introdurre su questa linea rumore che impedirebbe una corretta ricezione.

Da notare che la qualità del collegamento di terra è molto importante per quello che riguarda la ricezione. Non a caso Marconi svolse la maggior parte dei suoi esperimenti dalla propria nave. Questa gli permise di svolgere prove di trasmissione praticamente da ogni possibile distanza, e di avere un collegamento di terra sempre ottimale, utilizzando la carcassa della nave, che poi era in contatto con l'acqua di mare.

Il problema del rumore nel ricevere un segnale radio non amplificato merita altre due parole. Oggi, a differenza del secolo scorso, le apparecchiature elettriche sono molto comuni nelle nostre case, e molte di queste emettono disturbi sulle frequenze una volta usate per le trasmissioni radiofoniche, con potenze anche piuttosto elevate.

Questo perchè, a parte alcuni casi sporadici come i canali nazionali italiani, la maggior parte delle trasmissioni radiofoniche si sono oggi spostate dalle basse frequenze a frequenze più elevate, che pur comportando alcuni svantaggi legati alla minore capacità di raggiungere distanze elevate e di una maggiore complessità circuitale, permettono anche di avere una serie di vantaggi, come ad esempio la possibilità di utilizzare un numero di canali molto più elevato con minore rischio di sovrapposizone, o di usare antenne più piccole.

Per cui, una volta costruita la vostra radio a cristallo vi consiglio un bel picnic in campagna, portando con voi la radio, le cuffie e parecchi metri di filo elettrico per poter valutare il risultato ottenuto. Dato che non c'è bisogno di alcun alimentatore le cose dovrebbero funzionare.

Le trasmissioni telegrafiche effettuate usando le macchine di Marconi erano inizialmente su una frequenza attorno ai 300 kilohertz, cioè erano onde sinusoidali con trecentomila cicli al secondo. Questa banda viene chiamata banda delle "onde lunghe", perchè viaggiando alla velocità della luce un onda da 300 kilohertz ha una lunghezza, tra due fronti, di circa mille metri.

Oggi le frequenze più basse che possiamo ricevere con una radio corrispondono alle trasmissioni commerciali in onda media, con frequenze che vanno circa dagli 800 ai 1600 kilohertz, e con lunghezze d' onda che vanno da 300 a circa 180 metri.

Una antenna costruita con uno stilo verticale e accordata per ricevere questo tipo di frequenze dovrebbe avere una lunghezza pari a circa un quarto della lunghezza d'onda, e quindi dovrebbe essere lunga tra 75 e 45 metri. Per questo ricevere le onde medie richiede l'uso di un lungo filo conduttivo, e per questo maggiore è la lunghezza e migliore è la ricezione.

Il baffo di gatto era uno strumento che poteva avere diverse forme. La più comune era quella di un piccolo cilindretto in vetro contenente il minerale e il baffo. I terminali erano due tappi metallici agli estremi del cilindretto. Uno dei due tappi era fisso, e a questo era fissato il cristallo di galena. L' altro tappo era mobile, con una piccola manopola, per poter aggiustare il baffo di gatto e ottenere la massima resa, nel punto in cio il contatto tra baffo e cristallo dava un funzionamento il più possibile simile a quello di un diodo, e quindi il volume aumentava.

La radio a galena aveva allora due diverse regolazioni da gestire: il canale da utilizzare per ricevere il segnale e il pomello del baffo di gatto.

Meritano alcune parole le radio così dette "foxhole radios", costruite in italia alla fine della seconda guerra mondiale quando era proibito avere in casa apparecchi radiofonici portatili.

Infatti sia gli apparati a reazione che quelli supereterodina generano delle oscillazioni ed era possibile che l' oscillatore locale venisse rilevato. Quindi non era possibile utilizzarli. Mentre le radio a cristallo potevano essere molto piccole e difficili da trovare, e inoltre non avevano alcun oscillatore locale che permettesse di localizzarle.

Venivano allora chiamate radio a "tana di volpe" tutta una serie di piccole radio a galena, costruite artigianalmente, che potevano essere protate con se e fatte funzionare anche in trincea. Solitamente si trattava di piccole radio che, anzichè avere un cristallo di galena, utilizzavano il contatto tra la mina di una matita e una lametta da barba come diodo per rilievare il segnale e una semplice bobina con un contatto scorrevole, spesso avvolta sul tutta la lunghezza della matita stessa, per la sintonia.

Era comunque necessaria una cuffia ad alta impedenza o l' auricolare preso da una cornetta telefonica per ricevere qualcosa. Anche in questo caso le regolazioni erano due: qualcosa che potesse scorrere sulla bobina avvolta sulla matita per selezionare il canale e il contatto tra la mina della matita e la lametta da barba per demodulare il segnale.

Probabilmente erano molto difficili da utilizzare e richiedevano una grande pazienza per ricevere qualcosa.

3.6 Costruzione di un ricevitore da campo

Dopo questa lunga introduzione possiamo cimentarci a costruire un ricevitore a baffo di gatto. Abbiamo per prima cosa bisogno di un supporto su cui avvolgere una bobina. Può andare bene un tubo di cartone o un cilindro di legno del diametro di circa cinque o sei centimetri. Forse il legno è più adatto dato che il cursore, che dovremo mettere per selezionare il canale, potrebbe esercitare una certa pressione sulla bobina e piegarla. Dopodiche ci servirà semplicemente del filo di rame e un diodo al germanio.

Consiglio, almeno all' inizio, di scartare l' idea di usare un cristallo di galena perchè questo complica molto la ricezione dei segnali, che sono già in partenza molto deboli.

Dobbiamo stabilire quante spire dovrà avere la bobina. In realtà, dato che le frequenze su cui lavoreremo sono molto basse e che le capacità parassite sono piuttosto elevate non è semplice stimarlo. Ma anche un cambiamento abbastanza elevato nel numero di spire non altera più di tanto la frequenza di lavoro. Solitamente si avvolgono per la bobina di sintonia circa cento spire, con filo da 0.4 o 0.5 millimetri.

I problemi che avremo nella realizzazione del ricevitore saranno soprattutto legati all' adattamento di impedenza.

In pratica il problema è questo: l' insieme di antenna e terra è una sorgente di energia, e questa energia deve essere trasferita al circuito risonante.

Trasferendo energia da una sorgente ad un carico la quantità di energia che il secondo riceve è legata alla resistenza presentata sia dalla sorgente che dal carico. Quando la resistenza interna della sorgente e la resistenza del carico sono uguali c'è il massimo trasferimento di energia. Se la resistenza del carico è più alta di quella della sorgente c'è una tensione più alta ai capi del carico, ma anche una minore corrente. Se la resistenza è più bassa aumenta la corrente ma si abbassa in questo caso la tensione.

La potenza trasferita è il prodotto tra la corrente e la tensione. In entrambi i possibili casi di sbilanciamento del carico questa è minore che nel caso di carico correttamente adattato.

Dato che stiamo parlando di un ricevitore senza alcuna alimentazione è molto importante fare in modo che la maggior parte dell' energia ricevuta dall' antenna venga trasferita al circuito risonante in modo da poter udire qualcosa.

E' possibile calcolare l'impedenza dell' antenna che stiamo utilizzando. Nel caso di un antenna verticale, con una lunghezza all' incirca pari ad un quarto della lunghezza dell'onda da ricevere, il calcolo è stato svolto da Marconi, e si tratta di una impedenza di circa 36 ohm. Nel nostro caso, però, dovendo ricevere segnali la cui frequenza sia variabile, per poter sintonizzare diverse stazioni, dobbiamo utilizzare una antenna più corta, e ci ritroveremo con impedenze più elevate, dell' ordine del migliaio di ohm.

Questa impedenza dovrebbe corrispondere all'incirca a quella della cuffia che utilizzeremo per ricevere, in modo da avere un segnale intelligibile.

è quindi necessario, per poter costruire questo tipo di radio, disporre di una cuffia con elevata impedenza, che però oggi è piuttosto difficile da reperire.

Io ho acquistato su ebay una cuffia con una resistenza di circa trecento ohm, sperando che sia comunque sufficiente per ricevere qualcosa. E' un tipo di cuffia piuttosto semplice da trovare, e che costa pochissimo.

Dato che il ricevitore è basato su una bobina, però, c'è la possibilità di modificarne l' impedenza di uscita in modo da adattarla alla nostra cuffia. Probabilmente sarà impossibile, o comunque difficilissimo, adattarlo per una cuffia da otto ohm, ma dovrebbe essere possibile ottenere un adattamento accettabile per una cuffia da trecento ohm.

Se noi applichiamo ai capi di una bobina un segnale, facendo una presa intermedia alla bobina possiamo ottenere lo stesso segnale, ma con tensione minore e maggiore corrente, ottenendo la stessa potenza. Questo sistema si chiama autotrasformatore e può essere usato per abbassare una tensione e alzare una corrente, cioè per adattare una impedenza ad un carico.

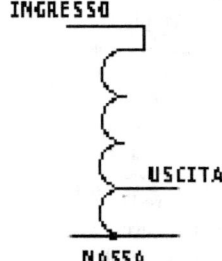

Allo stesso modo possiamo alzare una tensione. Dato che il diodo del ricevitore ha una tensione di soglia sotto la quale non può lavorare e quindi demodulare l'onda, possiamo utilizzare sempre un autotrasformatore per alzare la tensione del segnale ricevuto dall'antenna, e quindi permettere al diodo di intervenire anche per canali piuttosto deboli.

Diciamo che uno schema utilizzabile per costruire una radio a galena potrebbe essere il seguente:

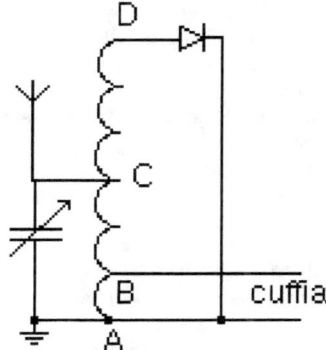

In questo schema ho inserito un condensatore variabile, che serve a cambiare la frequenza di lavoro della radio. Questo contrariamente alla versione precedente, in cui la frequenza veniva cambiata modificando le caratteristiche della bobina.

Infatti su questo circuito modificare il numero di spire della bobina significa anche modificare il comportamento degli adattatori di impedenza che alzano la tensione per il diodo e la abbassano per la cuffia. Definire il funzionamento della radio diventerebbe allora una cosa piuttosto complessa, quindi è meglio usare un componente in più ed evitare questi problemi.

Ovviamente su questo schema si può discutere molto.. bisogna considerare la resistenza della bobina, che dipende dal tipo di filo che utilizziamo, le capacità parassite introdotte dal filo stesso, il fatto che l' impedenza dell' antenna dipenderà tanto dalla frequenza quanto dal modo in cui l' antenna viene realizzata, e così via.

Per chi volesse approfondire, in rete esistono gruppi di appassionati che si occupano di radioricezione con circuiti a galena, e che propongono schemi che potrebbero essere molto più complessi e perfezionati, ma ciò non toglie che questo schema possa essere sufficiente a ricevere qualcosa.

Nel mio caso, per ridurre il numero di spire necessario a realizzare una bobina per onde medie, ho avvolto il filo su un nucleo di ferrite recuperato da una vecchia radio. E sempre dalla stessa radio ho recuperato anche un condensatore variabile da quattrocento picofarad. Come antenna ho usato alcuni metri di cavo elettrico, e per evitare di ricevere i disturbi elettromagnetici ho provato il ricevitore su un campo vicino a casa. Anche perchè è necessario un certo spazio per distenderne l' antenna.

Devo dire che comunque nella mia zona l' esperimento è abbastanza deludente ed è molto difficile ricevere qualcosa di intelligibile.

3.6.1 Il condensatore variabile

Oggi è diventato un pò difficile reperire i condensatori variabili necessari per costruire il circuito risonante. Inoltre, in un circuito risonante utilizzato per ricevere segnali radiofonici, le tensioni sono piuttosto basse, e quindi un condensatore piuttosto piccolo con isolamento a mica, può essere sufficiente. Mentre se piu avanti vorremo realizzare un trasmettitore avremo bisogno di un condensatore in grado di resistere a tensioni piuttosto alte, più difficile da trovare.

E' comunque possibile costruirsi da soli i condensatori variabili necessari per la propria radio. In rete si possono tovare molti progetti, proposti utilizzando i materiali più disparati: dai portasigari alle basette in vetronite per circuiti stampati. Io ho ottenuto dei buoni risultati con alcune vecchie latte d' olio e una manciata di dadi e bulloni presi da un ferramenta.

Ho tagliato una latta d'olio e ho raddrizzato la lamiera il più possibile. Per costruire il condensatore ho ritagliato otto pezzi di metallo, per costruire l'armatura fissa, in questo modo:

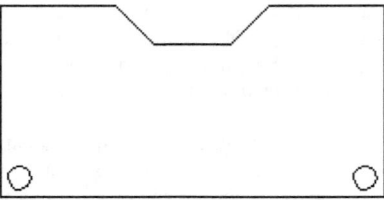

poi allo stesso modo ho ritagliato sette pezzi per costruire l' armatura mobile.

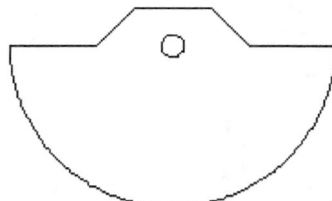

I fori su questi pezzi devono essere abbastanza grandi da far passare agevolmente il bullone ma non i dadi che su questo saranno avvolti, in modo che questi possano servire per bloccare le varie lamine delle armature.

Con del cartone robusto ho realizzato altri due pezzi. Forse sarebbe stata migliore della plastica rigida o un altro materiale isolante, ma avevo a disposizione alcune vecchie carte da gioco e ho usato queste.. comunque in questo modo:

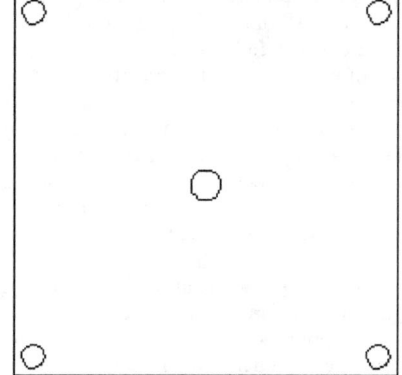

A questo punto ho utilizzato due bulloni lunghi circa 4 centimetri e piuttosto sottili, assieme a sedici dadi per assemblare lo statore. In maniera simile, usando i pezzi a forma di mezza luna, ho costruito il rotore, con un altro bullone poco più lungo degli altri e otto dadi. Il montaggio avviene in questo modo:

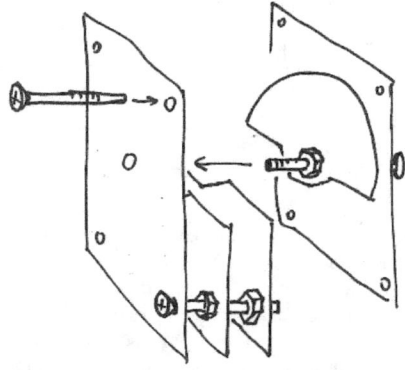

La parte del bullone del rotore che sporge può essere limata, in modo da poterci attaccare una manopola di sintonia, presa da un potenziometro sottile. Altrimenti si può fermare su questa un disco di plastica, stretto tra due dadi. Meglio se grande perchè è maggiore la precisione che si riesce ad ottenere. Io ho usato il coperchio di un barattolo di cioccolata.

Altri due bulloni possono essere usati, con quattro dadi, per fermare lo strato di materiale isolante di modo da rendere il condensatore meccanicamente più robusto. Collegare due fili a questo condensatore per poterlo usare in un circuito è una operazione abbastanza semplice: basta infatti stringere i fili di rame attorno a due bulloni. Anche se per il bullone centrale, forse, la soluzione migliore sarà attaccare il filo ad una rondella di modo da non ostacolare la rotazione.

Non ho previsto alcun fondo-corsa. Questo significa che dopo un giro completo il condensatore presenta nuovamente gli stessi valori di capacità. Ovviamente è possibile farlo, magari applicando una striscetta isolante o una goccia di cera in un angolo, tra due elementi del rotore in modo da impedire la rotazione .

Ne ho costruiti due, dato che il primo, avendo poche armature e bulloni grandi, risultava avere una capacità troppo bassa per avere una buona escursione sulle onde medie. Il risultato è all'incirca questo:

Lo stato isolante che funziona da supporto del condensatore più vicino alla manopola può essere un pò più grande del condensatore stesso e servire come pannello anteriore della nostra radio.

3.6.2 Metodi di costruzione delle bobine

Come ho già detto ho utilizzato una bobina avvolta su un nucleo di ferrite per potermi semplificare il lavoro di costruzione. Se vogliamo però dare al nostro apparato un aspetto di "radio antica", potrebbe essere una buona idea costruire una bobina a fondo di paniere.

Prima degli anni trenta la bobina di sintonia di una radio era un componente che doveva essere sostituito rapidamente per poter cambiare la frequenza a cui la radio lavorava. Il filo non era isolato come oggi con una vernice smaltata, ma utilizzando un insieme di piccoli fili in rame avvolti in una calza di cotone. Era allora importante costruire la bobina in modo che i fili si mantenessero il più possibile distanziati, riducendo di conseguenza anche le capacità parassite.

La capacità presente tra gli avvolgimenti della bobina, infatti, si somma a quella del condensatore variabile, riducendo l' escursione di frequenze su cui la radio può lavorare.

Ci sono due modi di realizzare la bobina a fondo di paniere: il primo è piuttosto semplice, e consiste nel realizzare un supporto di cartone o di vetronite che poi farà parte della bobina stessa, il secondo è quello di costruire un supporto per la realizzazione di bobine, da rimuovere una volta che la bobina sia completa.

Nel primo caso è necessario tagliare un disco di cartone, magari prevedendo di lasciarne una parte che sporga per poter maneggiare bene la bobina. Dovremmo usare un disco che presenti un numero dispari di tagli, in questo modo:

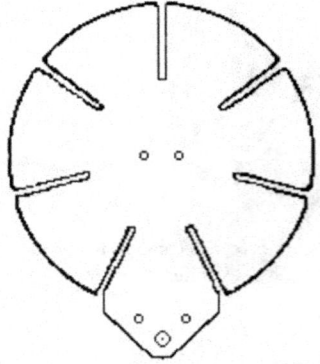

A questo punto si avvolge la bobina: partendo dall' interno si può avvolgere il filo, come nella figura qui sotto. E' possibile usare rame smaltato o filo isolato in cotone. Io sto usando del filo che ho recuperato dei deflettori del tubo catodico di vecchi televisori. Facendo due piccoli fori sulla parte del cartoncino che sporge si possono fissare i fili che escono dalla bobina, in modo da renderla meccanicamente solida.

La bobina da me realizzata si presenta in questo modo:

...

Nel secondo caso, è necessario costruirsi un piccolo strumento per l' avvolgimento delle bobine. Si può fare in molti modi e l' ideale sarebbe usare il metallo. Io ho optato per una soluzione semplice usando il legno.

Procuratevi un tappo di sughero, di quelli delle bottiglie di spumante e una quindicina di stecche di legno, del diametro di circa cinque millimetri.

Con un taglierino fate la punta alle stecche di legno e infilatele nel tappo di sughero, in modo da ottenere una stella, anche in questo caso con un numero dispari di raggi. Potrebbero andare bene, ad esempio, undici o tredici raggi. A questo punto avvolgete la bobina. Il risultato migliore si ottiene cambiando la direzione di inserimento ogni due spire, in modo da tenere i fili molto distanti tra loro.

Ora dobbiamo rendere la bobina meccanicamente resistente. Per farlo possiamo usare dello smalto, del cianoacrilato (super attak), oppure della colla bicomponente. La colla deve essere posata, molto attentamente e aiutandosi con uno stecchino o con un piccolo pennello, in tutti i punti in cui i fili della bobina si incrociano tra loro.

Una volta fatto questo, e dopo aver atteso un tempo sufficiente perchè la colla sia solidificata, è possibile estrarre le stecche di legno, e poi il tappo di sughero. La bobina, per quanto vada ancora maneggiata con cura, dovrebbe comunque essere abbastanza robusta. Utilizzando sempre un buon collante è possibile incollare alla bobina un pezzetto di cartone o plastica con due fori, attraverso cui far passare i fili, e da usare per maneggiare la bobina senza danneggiarla.

In molti casi queste bobine sono fatte per poter cambiare la frequenza di lavoro della vostra radio in maniera semplice. Ad ogni gamma di frequenze corrisponderà una diversa bobina, e le bobine potranno essere sostituite anche ad apparato acceso. Può allora essere utile attaccare alla bobina due connettori a banana, in modo da poterla inserire in due boccole sulla nostra radio.

Il risultato sarà qualcosa di questo tipo:

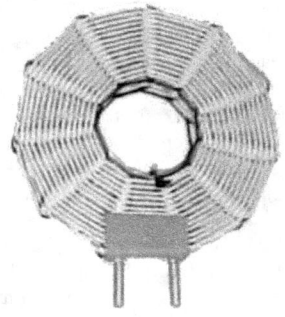

3.7 Il triodo di Lee De Forest

Il ricevitore a Galena aveva il difetto di essere uno strumento molto primitivo. Semplicissimo ma che comportava una serie di problematiche sia per poter ricevere un segnale che per poter tarare correttamente l'elemento raddrizzatore.

Per fortuna, una volta scoperto che un tubo a vuoto poteva essere usato come un diodo, l' innovazione successiva non si fece attendere. è infatti solo nel 1906, appena 2 anni dopo l'invenzione del diodo da parte di Fleming, che il fisico statunitente Lee De Forest ne brevettò una versione modificata con un elettrodo aggiuntivo, che chiamò audion, e che venne successivamente chiamato semplicemente triodo.

L' apparato fu realizzato nel laboratorio della Western Electric di Chicago e consisteva praticamente in un diodo a cui veniva aggiunto un sottile filo metallico, piegato per formare una piccola griglia, collegato esternamente ad un altro elettrodo.

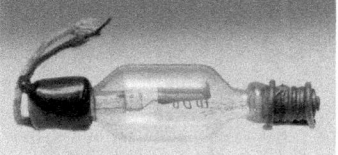

Il nuovo componente ha allora tre elettrodi. Il primo, come nel diodo, è il catodo, cioè il filamento che, riscaldato dal passaggio di corrente, genera una nuvola di elettroni in grado di spostarsi nel vuoto.

Il secondo è l'anodo, che se posto ad una tensione superiore a quella del catodo raccoglie il flusso degli elettroni, permettendo come sul diodo un passaggio di corrente solo monodirezionale.

Tra questi due è interposta la griglia. Se sulla griglia non c'è alcun potenziale il componente si comporta come un diodo. Se la griglia viene posta ad un potenziale negativo rispetto al catodo, però, la nuvola elettronica emessa sal filamento verrà da questo deflessa. La griglia si comporta in questo caso come una barriera che riduce, fino ad impedire completamente se la tensione sarà abbastanza alta, il passaggio di corrente tra anodo e catodo.

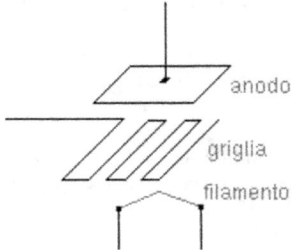

De Forest richiese molti brevetti per le sue invenzioni, fondando venticinque diverse aziende, e passò anche un periodo in cella a causa dei debiti contratti nei suoi affari. Nel 1906 richiese il brevetto per un detector per segnali radiofonici con due terminali, praticamente identico al diodo di Fleming, senza sapere che un apparecchio simile era già stato brevettato.

Quando il brevetto gli fu rifiutato propose un secondo brevetto, per la versione modificata del diodo, cioè l'audion. Anche questa volta l' apparato venne brevettato come detector per le onde elettromagnetiche, ma nella descrizione venne specificato che il triodo poteva essere molto più sensibile del diodo nel rilevare i segnali.

Questo perchè il triodo permette di amplificare il segnale ricevuto mentre il diodo si limita a riceverlo.

Supponiamo infatti di avere un triodo con l' anodo a tensione più alta del filamento e con il filamento correttamente riscaldato. In questo caso ci sarà un passaggio di corrente tra anodo e catodo. Corrente che possiamo misurare ad esempio con un galvanometro, o che possiamo far passare attraverso l'auricolare di una cuffia ad alta impedenza.

è possibile utilizzare una pila per applicare alla griglia del triodo una tensione negativa rispetto al catodo. Questo riduce la corrente tra anodo e catodo. Nel momento un cui un circuito risonante viene applicato alla griglia del triodo la piccola variazione di tensione indotta da questo sulla griglia fa in modo che la corrente tra anodo e catodo vari, e spesso questa variazione è sensibile.

Dato che la tensione tra anodo e catodo può essere molto più alta di quella presente tra il catodo e la griglia anche una piccola variazione di corrente può risultare in una variazione di potenza piuttosto elevata. Il segnale ricevuto dal circuito risonante viene allora amplificato dal triodo, che permette di ricevere un segnale di potenza più elevata, e quindi più facilmente intelligibile sull'auricolare.

Il triodo di De Forest, allora, oltre a rendere intelligibile il segnale radiofonico del circuito risonante si occupava anche di rigenerarlo, cioè di aumentarne al potenza in modo da migliorarne l' utilizzabilità.

Da notare che anche il rele utilizzato da Marconi per i suoi primi ricevitori a coesore funzionava come una amplificatore. Reagiva infatti ad una piccola corrente, in grado di attrraversare il coesore, chiudendo un contatto che poteva essere attraversato da una corrente più elevata, e quindi trasformava un segnale ricevuto, di potenza molto bassa, in un segnale di potenza maggiore.

La principale differenza tra questi due componenti è la velocità. Un relè utilizza effetti meccanici per la commutazione e richiede quindi alcuni centesimi, e in alcuni casi anche alcuni decimi di secondo per cambiare posizione.

Nel triodo, invece, l' effetto di amplificazione avviene spostando una nuvola elettronica per l'effetto di un campo elettrico. Questa operazione è incredibilmente più veloce, permettendo di amplificare segnali con frequenza dell' ordine anche di alcuni megahertz. Può quindi amplificare segnali nelle frequenze udibili, ma anche amplificare il segnale radiofonico stesso, senza modificarlo o demodularlo.

Il componente si comporta come la valvola di un circuito idraulico: una lieve rotazione di una manopola permette di interrompere o di far passare un flusso d' acqua in una condotta. Allo stesso modo una piccola variazione della tensione di griglia si rispecchia in una variazione anche consistente della corrente anodica.

Dopo l' invenzione del triodo De forest continuò gli esperimenti con questo, fino a giungere, il 12 gennaio del 1910, a trasmettere per la prima volta il sonoro via radio.

Trasmise infatti, come esperimento scientifico, parte della Tosca dalla Metropolitan Opera House di new york, anche se all epoca credo fossero ben pochi gli sperimentatoriin grado di fabbricarsi un ricevitore a galena.

Viene per questo considerato come il padre delle radio trasmissioni pubbliche.

Nel 1913 dovette subire un processo per frode, in quanto venne considerata assurda la sua pretesa che il suo apparato fosse realmente in grado di rigenerare il segnale radiofonico.

Ridotto senza soldi per poter far fronte alla causa De forest finì in bancarotta e fu costretto a vendere il brevetto della sua invenzione, che fu acquistato dalla AT&T assieme ai laboratori Bell.

Continuò comunque, in concorrenza con i laboratori Bell stessi, a produrre le valvole audion, tanto che anche oggi è possibile reperirne ed acquistarne.

Da questo momento stiamo parlando di storia recente, e di qualcosa che chiunque di voi potrebbe ancora avere nella propria cantina.

Qui sotto, sulla sinistra, riporto come esempio una valvola triodo "35", cioè un triodo audion prodotto da De Forest che ho trovato curiosando su ebay, e che il venditore sta cedendo per la cifra di circa venticinque euro. Direi una cifra anche eccessivamente bassa per quello che è a tutti gli effetti un pezzo di storia. Anche se sicuramente non è uno dei primi triodi esistenti. Per confronto sulla destra è riportato uno dei primi audion commerciali prodotti da De Forest.

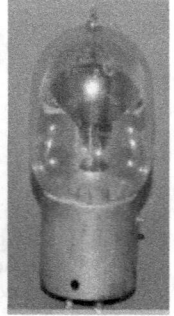

Si vede chiaramente il modello di questo componente "audion" e la stampa dello zoccolo che riporta la firma di De Forest.

La valvola ha quattro piedini, tutti sullo stesso lato e un cappellotto di metallo in alto. I due più larghi corrispondono al filamento, che aveva bisogno di una corrente piuttosto elevata. Uno dei due sottili è connesso alla griglia mentre l' anodo, che deve essere ben isolato dagli altri piedini, è posto sul cappellotto, sull altro lato del tubo di vetro.

Sulla valvola più vecchia, invece, anche l' anodo è connesso ad uno dei piedini inferiori e non c'è alcun cappellotto metallico. Questo riduceva la tensione massima che poteva essere utilizzata sull' anodo del componente, riducendone di fatto il guadagno di potenza.

Chapter 4

I ricevitori ad amplificazione diretta

L'invenzione del triodo da parte di De Forest permise di realizzare degli apparati in grado di ricevere segnali radiofonici con volumi molto più elevati rispetto alla radio a galena.

Dal 1906 e fino a tutti gli anni venti gli apparati radiofonici erano costruiti con uno o più triodi collegati in modo che ciascuno di questi aumentasse un pò il livello del segnale ricevuto, fino a rendere il segnale abbastanza forte da essere intelligibile in cuffia o su un altoparlante.

Dato che la tensione di rete non era disponibile fino agli anni trenta questi apparati furono sempre alimentati con due batterie di pile: una per il filamento, a volte costituita anche da una sola pila Leclanche da 1.5 volts, e una per fornire la tensione anodica. Questa seconda pila doveva avere una tensione più alta, dell'ordine delle decine di volts. Tipicamente i valori di tensione per la batteria andavano dai quaranta ai settanta volts.

Un ricevitore molto semplice potrebbe essere ad esempio quello rappresentato nello schema qui sotto.

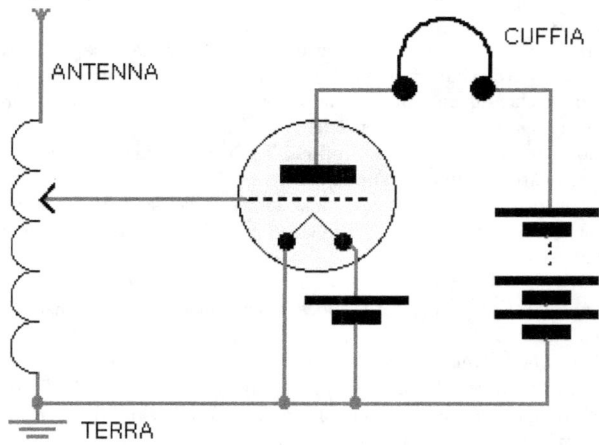

Lo schema è veramente semplificato. Si tratta in realtà di una semplice radio a Galena, la cui sintonia è ottenuta facendo scorrere un cursore sopra la bobina. Il segnale ottenuto, anzichè essere rettificato da un diodo passa alla griglia di un triodo il cui catodo è collegato a massa.

I primi triodi utilizzavano come catodo direttamente il filamento. Questo vuol dire che in realtà una parte del catodo sarà sempre sottoposta ad una tensione leggermente diversa dall' altra.

Se la parte positiva della pila è rivolta verso la massa, però, questo circuito può comunque funzionare e rivelare segnali con un volume più alto rispetto alla radio a galena.

In realtà in tempi piuttosto brevi si passò dall' utilizzo del filamento stesso come catodo ad un meccanismo di riscaldamento indiretto. Il filamento di tungsteno veniva inserito all'interno di un sottile tubicino metallico, e se possibile da questo isolato elettricamente. Il tubo di metallo si scaldava allora alla stessa temperatura del filamento, emettendo anche esso una nuvola di elettroni. Collegando allora un contatto elettrico al tubicino divenne possibile utilizzare questo come catodo del diodo.

Il vantaggio principale è quello di avere un catodo elettricamente separato dal filamento.

Per realizzare un ricevitore come quello schematizzato sopra la cosa è comoda, in quanto i due estremi del filamento sono sottoposti a due tensioni diverse, dato che sul filo sta passando corrente, mentre in questo modo il catodo è tutto ad un unico potenziale.

Siamo allora sicuri che i segnali il cui livello di tensione sia inferiore alla tensione del catodo influenzeranno la corrente che attraversa il tubo, mentre quelli a tensione più alta no. Solo una semionda del segnale di griglia, per precisione quella negativa, viene riportata in cuffia, quindi il segnale radiofonico viene rilevato.

Il problema di usare come catodo il filamento stesso della valvola diventerà insormontabile negli anni trenta, epoca in cui inizierà la distribuzione della corrente elettrica nelle case d'europa. Dato che la distribuzione funziona con correnti alternate diventa facile trasformare una alta tensione in una bassa ma diventa problematico alimentare il filamento della valvola. Infatti, essendo questo sottoposto ad una tensione alternata, le oscillazioni della tensione si vanno a sovrapporre al debole segnale rilevato dal circuito risonante, impedendo di fatto di amplificare alcunché. Il problema è molto minore nel caso in cui il catodo sia staccato dal filamento. Dato che la tensione che alimenta i filamenti e quella che alimenta l'apparato sono completamente separate la presenza di disturbi è piuttosto limitata. Il che purtroppo non vuole dire che il disturbo sia comunque nullo.

Possiamo fare qualche esperimento utilizzando una valvola triodo, e costruire un ricevitore molto semplice. Nel mio caso ho utilizzato un triodo "PC900", che è una valvola subminiatura presente in molti televisori. è piuttosto piccola. Per la precisione è alta solo 35 millimetri.

è una valvola abbastanza moderna, ed è comoda per alcuni motivi:

Per prima cosa, la si può utilizzare con delle batterie. Ha una tensione del filamento di soli quattro volts, e richiede una corrente piuttosto limitata per funzionare, con un consumo di "solo" 1.2 watt. Il solo va tra virgolette perchè, come valvola, questa consuma molto poco, ma il consumo, rapportato a quello di una moderna radio a transistors, è elevatissimo.

Può funzionare con tensioni anodiche ragionevolmente basse, e quindi posiamo pensare di usare come alimentazione anodica due batterie da nove volts. Inoltre ha una resistenza interna bassa quindi è abbastanza facile reperire un trasformatore di adattamento di impedenza che possa essere adeguato a questa valvola.

Poi ha una schermatura, cioè l' insieme di anodo, catodo e filamento sono circondati da un piccolo schermo in metallo che riduce la possibilità che disturbi indotti sulla valvola vengano ricevuti e amplificati assieme al segnale. La stessa cosa veniva fatta, su valvole più vecchie, racchiudendo la valvola in un piccolo tubo di metallo o ricoprendone il vetro con una vernice metallizzata.

Possiamo allora modificare lo schema precedente per ottenere quello qui di seguito e costruire il ricevitore.

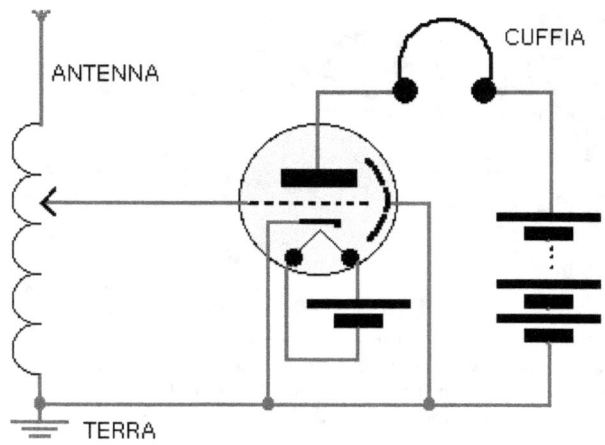

Su questo ricevitore è sempre indicata come altoparlante una cuffia ad alta impedenza, che purtroppo è molto difficile da trovare. L' ideale sarebbe una cuffia con una impedenza di circa cinquemila ohm, pari alla resistenza interna della valvola. Possiamo anche in questo caso, come abbiamo fatto nel secondo progetto di radio a galena, costruirci un piccolo trasformatore da utilizzare per adattare l' impedenza della nostra cuffia, per fare in modo da poter utilizzare una normale cuffia da 8 ohm anzichè un altoparlante speciale.

4.1 Gli altoparlanti

Come abbiamo appena visto, il problema più grande che incontriamo nella costruzione di un circuito radiofonico è spesso quello dell' adattamento di impedenza. Sono molti i punti del circuito in cui un impedenza errata causa per noi una perdita di segnale. Primo tra tutti l'adattamento tra la nostra radio e le cuffie. Il problema non si poneva sui primi ricevitori degli anni venti perchè gli altoparlanti in uso all' epoca presentavano una impedenza molto alta, dell'ordine delle migliaia di ohm. Gli altoparlanti moderni, invece, presentano un impedenza estremamente bassa, solitamente attorno a quattro oppure otto ohm.

Il motivo per cui si utilizzano impedenze così basse è legato al fatto di poter ottenere potenze elevate anche alimentando l' apparato con tensioni molto basse. Supponiamo di utilizzare una radiolina alimentata da una sola pila da 1.5 volts.Con una resistenza di otto ohm per l' altoparlante, la massima potenza che potremo trasferire a questo sarà:

$$P = \frac{1,5^2}{8} = 0.28 watt$$

Utilizzando invece un altoparlante con una resistenza interna di circa duemila ohm la potenza trasferita sarebbe solamente di:

$$P = \frac{1,5^2}{2000} = 0.0011 watt$$

Il livello sarebbe ancora udibile, ma estremamente basso.

Quando venivano utilizzate le valvole questo problema non si poneva perchè usavano di tensioni di alimentazione molto elevate, e quindi la potenza trasferita era comunque abbastanza alta. C'erano invece parecchi problemi nell'uso di altoparlanti a bassa impedenza, come quelli odierni. Questi ultimi erano comunque molto usati, specie dagli anni quaranta in poi, dato che avevano una qualità sonora migliore rispetto a quelli ad alta impedenza, ma richiedevano dei trasformatori di adattamento.

All' inizio della storia della radiofonia i grammofoni erano molto diffusi. La tromba del grammofono utilizza un sistema meccanico per rendere il suono prodotto dalla puntina che passa sul disco più udibile.

I primi altoparlanti vennero costruiti allo stesso modo. Un elettromagnete, composto da un numero piuttosto elevato di spire di filo di rame, veniva avvolto su un cilindretto di ferro dolce e poi racchiuso all' interno di un contenitore di metallo, come nella figura qui sotto.

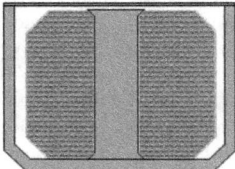

Il flusso magnetico attraversa senza grande difficoltà sia il nucleo di ferro che le pareti metalliche, e quindi rimane solo un area in cui il flusso rimane elevato, quella verso cui il contenitorè è più aperto. Questa è l'area in cui la forza magnetica è maggiore. Appoggiando da questo lato una sottile membrana in ferro questa vibrerà nel momento in cui sul filo di rame verrà fatta passare della corrente. La vibrazione non produce un suono molto forte, ma intelligibile. è allora possibile porre di fronte a questa membrana una tromba da grammofono, e il risultato sarà un altoparlante abbastanza buono.

Questo tipo di altoparlanti venne abbandonato per vari motivi.

Primo fra tutti il fatto che la parte vibrante fosse di metallo. Il metallo è infatti pesante ed è quindi difficile, anche con una membrana sottile, riprodurre correttamente le vibrazioni legate ai vari toni della musica. La vibrazione della membrana non è poi lineare, non potendo questa avere grandi spostamenti, e quindi il suono viene distorto, specialmente nei toni bassi.

Poi, il fatto che il nucleo di metallo su cui l' altoparlante era costruito sia grande e di ferro rende sensibili gli effetti di isteresi elettromagnetica, aggiungendo ulteriore distorsione, con effetti di perdita di energia nel metallo abbastanza elevati.

Va anche considerato il fatto che la tromba ha un ingombro elevato.

Comunque, malgrado questo, per molti anni gli auricolari utilizzati negli impianti telefonici o nelle cuffie, qualora non fosse necessaria una alta fedeltà sonora, vennero realizzati con questo meccanismo, modificando il numero di spire e la dimensione del filo di rame usata nell' avvolgimento secondo l' impedenza necessaria nel circuito.

Durante la seconda guerra mondiale furono usati barattoli di latta per realizzare altoparlanti "di emergenza" di questo tipo.

Rievitori più moderni, diciamo attorno agli anni trenta, utilizzano altoparlanti a spillo. Un altoparlante a spillo è costruito utilizzando, come nel caso precedente, un elettromagnete. Questo è però montato in modo da far vibrare una lamina su cui è fissato uno spillo di metallo. Questo spillo può essere a sua volta usato per far vibrare un cono di cartone in modo da ottenere una maggiore diffusione del suono. Uno schema di come è costruito un altoparlante a spillo può essere quello riportato in figura:

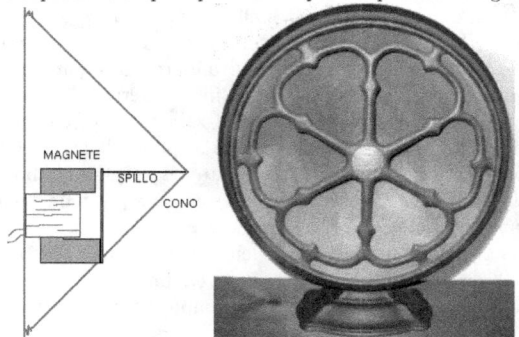

A fianco dello schema c'è una foto di come si presenta un altoparlante a spillo degli anni trenta.

L'altoparlante a spillo offre dei vantaggi rispetto alla soluzione precedente. Per prima cosa la membrana vibrante è un semplice cono di cartone e ha un peso inferiore a quello della lamina di metallo. Può quindi essere spostata più rapidamente con meno forza. La lamina può allora avere anche una corsa maggiore e una minore distorsione.

Questo tipo di altoparlanti hanno una resa buona anche per i toni bassi, anche se nei toni medi, in particolare attorno alle sonorità della voce umana, tendono ad attenuare un pò troppo il segnale. Inoltre l' altoparlante a spillo, almeno nella maggior parte dei casi, aveva un costo molto più basso rispetto all'equivamente altoparlante a tromba e una dimensione minore.

Si diffuse molto all'inizio degli anni trenta in quanto molte aziende, tra cui la philips, lo vendevano per sostituire l' altoparlante a tromba, migliorando la qualità sonora delle radio.

Negli anni trenta la qualità del suono stava diventando un elemento importante per la vendita degli apparati radiofonici. Chi acquistava una radio non lo faceva più solamente per ascoltare notizie, ma anche per ascoltare musica.

Alcune case produttrici, come ad esempio la philips, migliorarono il funzionamento dell'altoparlante a spillo utilizzando, al posto dello spillo, un piccolo elettromagnete in sospensione in un campo magnetico, generato da due magneti permanenti, ottenendo altoparlanti molto più sensibili a piccole variazioni di tensione.

Anche in questo caso, l' altoparlante a spillo venne in breve tempo abbandonato per sostituirlo con una soluzione tecnicamente migliore, che portò rapidamente agli altoparlanti moderni. Per ridurre il peso delle parti mobili e quindi migliorare la qualità del suono divenne interessante utilizzare una soluzione a bobina mobile anzichè la soluzione utilizzata fino a quel momento in cui era il metallo sottoposto al flusso magnetico a spostarsi. Da quel momento, ed anche oggi, l' altoparlante viene costruito avvolgendo una bobina di filo molto sottile direttamente sul cartone del cono, e poi immergendo questa bobina in un forte campo elettromagnetico.

Tra gli anni trenta e quaranta la bobina dell' altoparlante era mobile, e avvolta sul cono, e il campo magnetico in cui questa era immersa era generato da un elettromagnete. Per poter generare questo campo elettromagnetico era necessario che questo magnete permanente fosse attraversato da una corrente continua, stabilizzata abbastanza da non riportare sul cono dell'altoparlante il ronzio della tensione di rete.

Solitamente il solenoide di magnetizzazione dell'altoparlante era collegato all' alta tensione utilizzata per l' anodo delle valvole della radio,e aveva quindi una doppia funzione: la prima quella di magnetizzare il traferro per la bobina mobile, la seconda quella di funzionare, assieme a due condensatori elettrolitici, da filtro per la tensione di alimentazione eliminando da questa il ronzio di rete. Questo tipo di altoparlante può essere schematizzato come nella figura seguente. A fianco riporto la fotografia di un altoparlante realizzato secondo questo principio.

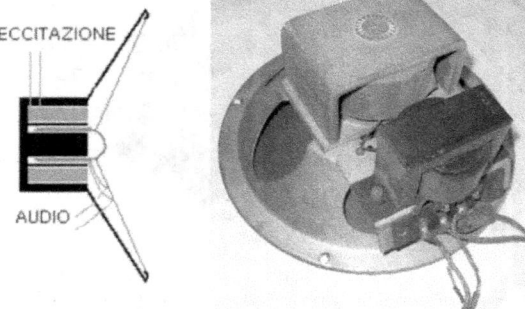

è interessante notare che questo altoparlante ha a fianco un trasformatore. Questo trasformatore serve per l'adattamento di impedenza. Dato che la bobina dell'altoparlante è avvolta sul cono di cartone non è possibile che questa abbia una impedenza molto elevata perchè sarebbe necessario usare un numero molto alto di spire di filo, aumentandone il peso. Si sceglie allora di avere una bobina con un impedenza di pochi ohm. Negli altoparlanti dell'epoca, solitamente, il valore andava da otto a trentadue ohm. L' ultimo passo per arrivare dagli altoparlanti degli anni trenta a quello moderni fu quello di sostituire il solenoide che genera il campo magnetico per l'altoparlante con un magnete permanente. Questa soluzione permise di semplificare ancora gli altoparlanti. Non essendo più necessaria la bobina di eccitazione la sola parte percorsa da corrente diventa la bobina su cui viene inviato il segnale audio, che è per forza a bassa impedenza. Un altoparlante moderno può piu o meno essere schematizzato come nella figura qui sotto:

AUDIO

Il magnete permanente induce attorno alla bobina di eccitazione un forte
campo elettromagnetico. Una piccola variazione di corrente sulla bobina di
eccitazione è sufficiente a spostare il cono di cartone. Anche se lo spostamento
è molto piccolo, spesso dell'ordine di decimi di millimetro, dato che il cono
di carta è grande il suono è ben udibile.

4.2 Adattare l'impedenza

Per poter arrivare all' impedenza di alcune migliaia di ohm necessaria all' accoppiamento con il circuito valvolare era necessario usare un trasformatore.

Sappiamo che il comportamento di un trasformatore, se è stato scelto un materiale corretto per il traferro, è legato al rapporto tra il numero di spire del primario e quelle del secondario. Per fare un esempio pratico prendiamo un trasformatore che abbia mille spire sul primario e cento spire sul secondario. Questo trasformatore, se alimentato con una tensione alternata di cento volts, presenterà in uscita una tensione alternata di dieci volts. Il rapporto tra le spire del primario e del secondario è 100/10, cioè dieci. La tensione che è presente al primario viene, al secondario, divisa di dieci volte, cioè del rapporto spire stesso. La corrente disponibile al secondario è però dieci volte superiore a quella disponibile al primario. Supponiamo che sul secondario ci sia un carico. Se al primario sono disponibili 100 volts con una corrente di 0.01 ampere, al secondario saranno disponibili dieci volts, con una corrente di 0.1 ampere. Questo ovviamente secondo l'ipotesi che il trasformatore non abbia perdite, altrimenti la potenza sul secondario sarà un poco inferiore.

Consideriamo ora quale possa essere la resistenza equivalente nei due casi. Se al primario ci sono 100 volts e 0.01 ampere, il trasformatore si comporta come una resistenza, e secondo la legge di ohm:

$R = \frac{V}{I}$ quindi $\frac{100}{0.01} = 10000\Omega$

Sul secondario le cose sono diverse: La tensione sarà infatti solamente di 10 volts e la corrente di 0.1 ampere. Secondo la stessa regola, quindi, la resistenza equivalente sarà:

$\frac{10}{0.1} = 100\Omega$

Questo considerando di essere nel caso adattato. Comunque, quello che è successo è che con un rapporto spire di 10:1 la resistenza equivalente all'uscita del trasformatore è un centesimo di quella presente all'entrata. Il trasformatore allora si comporta come adattatore di impedenza, presentando al primario un impedenza che è pari a quella che c'è sul secondario moltiplicata per il quadrato del suo rapporto spire.

Allora, se utilizziamo un altoparlante da otto ohm possiamo fare in modo di adattarlo all' impedenza di uscita del circuito valvolare con il corretto trasformatore.

Lavorando con le valvole lo stadio di uscita è solitamente composto dalla sola valvola in serie con una piccola resistenza che ha lo scopo di polarizzarne correttamente il catodo. L' impedenza di uscita del circuito corrisponde all'incirca con la resistenza interna della valvola che si sta usando.

Nel nostro caso la valvola è una PC900, che ha una resistenza interna di circa cinquemila ohm. Dobbiamo allora adattare l' impedenza del nostro altoparlante da otto a cinquemila ohm.

Il rapporto spire che ci serve sarà allora:

$$N^2 = \frac{5000}{8} = 625 \text{ allora } N = 25$$

Il trasformatore dovrà allora avere sul secondario una spira per ogni venticinque spire avvolte sul primario.

Queste sono mie considerazioni ma sembrano corrette perchè il rapporto spire consigliato dai manuali dell' epoca, per una valvola con la stessa resistenza interna, è sempre di venticinque a uno.

Possiamo utilizzare come trasformatore di uscita per il circuito un semplice autotrasformatore. Se avvolgiamo su un nucleo ferromagnetico chiuso cinquecento spire con una presa alla ventesima spira, possiamo considerare tutte le cinquecento spire come primario e le sole venti spire come secondario, modificando il circuito della nostra radio in questo modo:

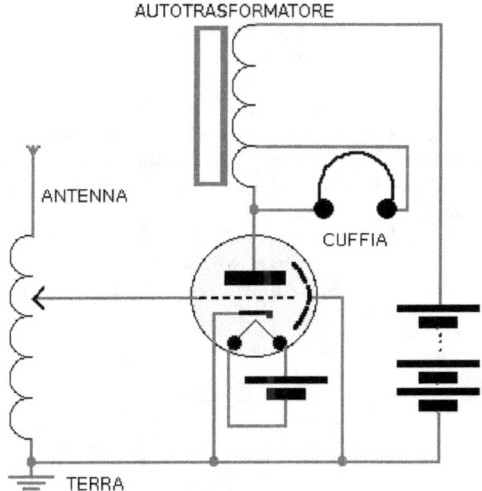

AUTOTRASFORMATORE

ANTENNA

CUFFIA

TERRA

In figura il nucleo dell' autotrasformatore è indicato come una barra dritta. In realtà i risultati migliori si ottengono quando il nucleo si richiude su se stesso, formando un anello o due anelli affiancati, e permettendo un migliore passaggio del flusso magnetico.

Nel mio caso, avendo a disposizione una cuffia con impedenza di trecento ohm, posso utilizzare un trasformatore che adatti l' impedenza da cinquemila ohm a trecento, quindi:

$$N^2 = \frac{5000}{300} = 16.66 \text{ allora } N = 4$$

Ho allora bisogno di un trasformatore con un rapporto spire di quattro a uno. Potrebbero allora andare bene cento spire con una presa alla venticinquesima, o duecento con una presa alla cinquantesima.

Se non avete a disposizione un nucleo su cui avvolgere il trasformatore o semplicemente se non avete voglia di cimentarvi nella costruzione, dato che si tratta di avvolgere un numero elevato di spire, potete cercare un trasformatore che abbia già il rapporto spire corretto. In questo caso possiamo mantenere disaccoppiato anche il primario dal secondario del trasformatore, anche se la cosa non darà grandi vantaggi.

E' possibile usare come trasformatore di adattamento di impedenza un normale trasformatore di alimentazione, anche di bassa potenza, dato che la corrente sul primario è sempre abbastanza limitata. Considerando però il fatto che, dato che il traferro di un trasformatore di alimentazione è costruito con materiali e forme diverse da quello di un trasformatore audio, la risposta del trasformatore non sarà ideale. Probabilmente il comportamento non sarà buono alle alte frequenze quanto alle basse.

Dato che è necessario che il rapporto spire sia di venticinque a uno è necessario procurarsi un trasformatore di alimentazione che, data una tensione di ingresso di duecentoventi volts fornisca una tensione di uscita di circa nove volts.

4.3   Amplificare con più triodi

Il circuito ricevitore che utilizza un triodo ha sicuramente un comportamento migliore rispetto a quello costruito con il solo rivelatore passivo. Il segnale è infatti amplificato, ed è possibile stimare anche di quanto.

Ho alimentato il ricevitore a triodo singolo con circa cento volts. Considero di avere un impedenza adattata. Questo significa che venticinque volts saranno al capo della valvola e venticinque al capo del trasformatore di adattamento per la cuffia.

Qui sotto riporto la curva che descrive come si comporta la valvola, e in pratica indica come varia la corrente anodica al variare della tensione di filamento.

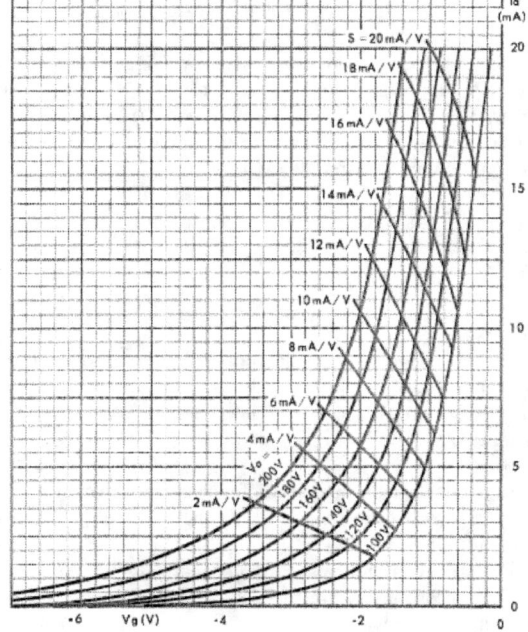

Per tensioni basse la sensibilità della valvola è di alcuni milliampere/volts.

Diciamo circa cinque.

Questo significa che una variazione di un volts sulla tensione di ingresso corrisponde ad una variazione di cinque milliampere sull'uscita. è una valutazione ottenuta più o meno dalle curve di funzionamento indicate sopra, anche se piuttosto ottimistica perchè la tensione di alimentazione è troppo bassa per questo tipo di valvola.

La resistenza della griglia della valvola è di circa un milione di ohm. Questo significa che, una variazione di un volts corrisponde ad una potenza di:

$$P = \frac{V^2}{R} = \frac{1^2}{1000000} = 1\mu W$$

In realtà, dato che la nostra resistenza di ingresso non è adattata, la variazione di tensione è minore.

Considerando che dovremmo avere una resistenza di ingresso di circa 600 ohm, corrispondente all'impedenza della nostra antenna, questo significa che una variazione di un volt corrisponde ad una potenza di 0.016 watt

In uscita, invece, una variazione di corrente di cinque milliampere su una resistenza di cinquemila ohm corrisponde a una potenza di:

$$P = I^2 * R = 0.005^2 * 5000 = 0.125 Watt$$

Il nostro guadagno di potenza sarà quindi:

$$\frac{0.125}{0.016} = 7.81$$

Il segnale all'uscita del nostro amplificatore sarà allora circa otto volte più potente di quello ricevuto all'ingresso.

Questo ci può permettere di ascoltare qualcosa a un volume un pò più alto della semplice radio a cristallo, ma comunque il livello sonoro sarà molto basso.

Le variazioni di tensione del segnale radiofonico da noi ricevuto, infatti, hanno un livello spesso molto più basso di un volt, e quindi le potenze in uscita sono appena udibili.

Più stadi amplificatori possono essere però concatenati l'uno all'altro in modo da moltiplicare ancora la potenza del segnale ottenuto con un singolo stadio, e rendere quindi il segnale udibile, non solo in cuffia ma anche su un altoparlante.

Il problema che ci dovremo porre sarà allora quello dell' accoppiamento tra stadi successivi. Abbiamo infatti detto che l' impedenza di uscita del nostro amplificatore dipende dalla valvola utilizzata, e con una PC900 si aggira attorno ai cinquemila ohm, mentre l' impedenza di ingresso dello stadio successivo è attorno al milione di ohm.

Anche in questo caso, se riusciamo ad adattare l'impedenza in modo da trasmettere la massima potenza possibile, il volume della nostra radio sarà maggiore. Il migliore adattamento di impedenza tra due stadi amplificatori si può ottenere frapponendo tra i due stadi un trasformatore adatto per le frequenze audio.

In questo modo siamo in grado di adattare praticamente qualunque valore dell'impedenza di uscita verso l'ingresso dello stadio successivo. Questo sistema ha però degli svantaggi.

Per prima cosa il trasformatore di adattamento di impedenza sarà ingombrante e costoso.

Come seconda cosa, potrebbe introdurre dei disturbi, dato che parte el segnale che lo attraversa verrebbe ritrasmesso in aria, e potrebbe quindi raggiungere nuovamente il circuito di antenna.

Un sistema più semplice è quello di collegare i due stadi amplificatori semplicemente con un condensatore che vada dall' anodo della prima valvola alla griglia della seconda. Abbiamo delle perdite dovute al mancato adattamento di impedenza, ma abbiamo un circuito più semplice da realizzare.

Storicamente il sistema di adattare l'impedenza con trasformatori venne usato attorno agli anni venti, quando i triodi avevano un guadagno molto basso e quindi era necessario poter migliorare le prestazioni del ricevitore in ogni modo possibile, mentre il metodo di accoppiare gli stadi con condensatori venne usato negli anni successivi, quando le radio divennero di uso comune e il problema dei costi di produzione divenne importante.

Adattare l' impedenza utilizzando il condensatore potrebbe però portarci ad un altra problematica.

Se un condensatore viene utilizzato per spostare il segnale dall' anodo di una valvola alla griglia della successiva, la seconda lo riceverà per amplificarlo, ma per come funziona il condensatore lo riceverà con un certo ritardo. Mettendo in serie più stadi tra loro questo ritardo si sommerà, stadio per stadio. Se questo ritardo supera un certo valore il segnale amplificato da una valvola avrà una fase opposta a quello originale. Se parte di questo segnale, per qualche motivo, viene ritrasmesso alla griglia della prima valvola, viene amplificato nuovamente e si somma al segnale originale, causando un fischio acuto sull' altoparlante. Dovremo quindi fare attenzione a come monteremo il nostro circuito per evitare che situazioni del genere si possano presentare.

Comunque il rischio si pone solamente con più di due stadi amplificatori in cascata.

Lo schema del nostro circuito potrebbe essere quello qui di seguito:

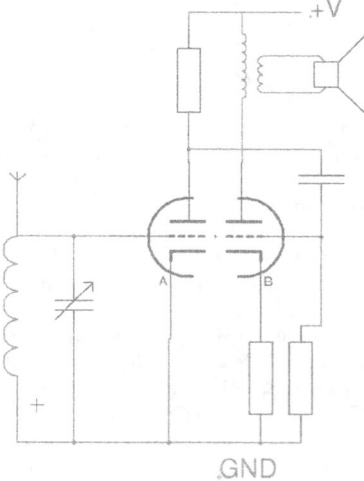

Praticamente senza modifiche allo schema potremmo utilizzare un altra valvola che contenga già al suo interno due triodi, in modo da dover alimentare un solo filamento e da consumare una potenza minore.

Una valvola adeguata ad amplificare il segnale potrebbe essere la ECC83, la cui sigla americana è 12AX7, che è un doppio triodo ad alto guadagno in grado di funzionare con basse tensioni di alimentazione.

Qui sotto è riportato uno schema di collegamento dei piedini della valvola, con a fianco una fotografia. Si tratta di una valvola con uno zoccolo a nove pin "noval", talmente comune negli amplificatori da essere ancora disponibile non solo dai venditori di materiale in stock ma anche dai venditori di componentistica, come ad esempio RS components.

Anche in questo caso possiamo riportarne le curve caratteristiche. Questo ci sarà utile per decidere come costruire l'amplificatore.

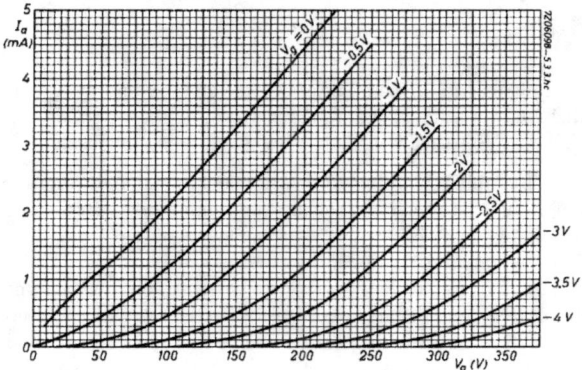

Nel nostro primo stadio amplificatore la tensione di griglia (Vg) sarà di zero volts. Questo perchè abbiamo la necessità di usare la valvola anche come rettificatore per il segnale radiofonico.

Supponiamo di alimentare l' anodo della valvola con una tensione di circa venticinque volts. La corrente che la attraversa sarà di circa 0.7 milliampere. In questo caso la resistenza che la valvola presenta è di circa:

$$R = \frac{V}{I} = \frac{25}{0.0007} = 35K\Omega$$

Allora possiamo metterla in serie con una resistenza dello stesso valore e alimentare la radio con circa cinquanta volts.

Il guadagno della valvola è piuttosto elevato: Una tensione di ingresso di 0.5 volts porta la nostra corrente di griglia a circa 0.3 milliampere.

La tensione sull'anodo, che prima era di venticinque volts, diventa:

$$V = 50 - 35000 * 0.0003 = 50 - 10.5 = 39.5V$$

La resistenza di uscita dello stadio amplificatore corrisponderà alla resistenza interna della valvola in parallelo alla resistenza che la alimenta, quindi circa alla metà di trentacinquemila ohm.

Una variazione di tensione di circa 0.5 volts sull'ingresso causa una variazione di 14.5 volts sull'uscita.

Considerando che la nostra resistenza di ingresso sarà sempre quella del circuito di antenna, cioè circa mille e duecento ohm, possiamo stimare la potenza in entrata e quella in uscita corrispondente, come abbiamo fatto prima.

$$P = \frac{V^2}{R}$$

Ad una potenza in entrata di 0.4 milliwatt corrisponde una potenza in uscita di circa dodici milliwatt. Il guadagno è di trenta volte. Questo triodo è molto più adatto della PC900 a realizzare un primo stadio di amplificazione.

Il secondo stadio amplificatore funzionerà in maniera simile al primo. Stavolta, però, non sarà più necessario che lo stadio sia in grado di comportarsi da raddrizzatore, e dovrà invece avere un comportamento il più possibile lineare, quindi useremo una tensione di griglia negativa.

Il trasformatore di uscita della valvola, in corrente continua, ha una resistenza molto bassa, quindi possiamo considerare che ai capi della nostra valvola ci siano circa i cinquanta volts dell' alimentazione. Polarizzando la griglia con una tensione negativa, rispetto al catodo, di mezzo volt, la corrente anodica è di circa 0.5 milliampere. Questo significa che la valvola ha una resistenza di circa

$$R = \frac{V}{I} = \frac{50}{0.0005} = 100K\Omega$$

Piuttosto alta. Questa valvola non è infatti adeguata per funzionare come amplificatore finale, ma è più adeguata come amplificatore intermedio. Per polarizzare correttamente la valvola è necessario porre, tra il catodo di questa e la massa, una resistenza da mille ohm. La caduta su questa resistenza alzerà di mezzo volt circa la tensione sul catodo della valvola rispetto alla massa, e quindi anche rispetto alla griglia.

Senza scendere nei particolari e calcolare nuovamente il guadagno in potenza di questo secondo stadio amplificatore, possiamo considerare che la potenza del segnale in ingresso verrà da questo amplificata di altre dieci volte circa.

Se prima, con una cuffia, eravamo in grado di sentire un segnale con una potenza, diciamo, di un milliwatt, con due stadi di amplificazione saremo in grado di ascoltare stazioni radio la cui potenza sia attorno ai dieci microwatt.

Un terzo stadio, costruito con una valvola adatta a pilotare un amplificatore finale, potrebbe completare questa piccola radio, e permetterci di ricevere qualcosa, anche senza usare come antenna un cavo da venti metri.

Supponendo però che anche voi, come me, vi siate procurati per fare esperimenti una cuffia con una resistenza di trecento ohm, per usare la sola valvola ECC83 e adattare l' impedenza di uscita dell' amplificatore, che sarà circa di centomila ohm, verso la cuffia da trecento servirà un trasformatore con un rapporto spire di circa 18 a 1.

$$N^2 = \frac{100000}{300} = 18$$

Quindi, con perdite ragionevoli, potremmo ancora usare il trasformatore visto in precedenza.

I primi triodi avevano un guadagno molto più basso di quelli che abbiamo qui utilizzato come esempio, inoltre il loro guadagno era molto legato alle condizioni di usura e allo stato delle batterie che alimentavano il filamento. Per questo negli anni venti vennero prodotte delle radio ad amplificazione diretta con un numero alto di triodi, spesso fino a sette, in cascata, e la qualità di una radio si misurava secondo il numero di triodi che usava per amplificare. Dato che i primi triodi erano piuttosto delicati e il loro filamento si danneggiava facilmente, le radio erano costruite in modo che questi potessero essere sostituiti rapidamente, come quella in figura qui sotto.

Il sistema dell' amplificazone direttà non è però il modo migliore di ricevere un segnale radiofonico. Ogni stadio ricevitore può introdurre o raccogliere del rumore, e sarà quindi difficile fare in modo da non amplificarlo, poi ci possono essere dei fischi causati da segnale che viene amplificato più volte, inoltre il ricevitore ha una selettività piuttosto bassa.

La parte raddrizzatore non si comporta molto bene per tensioni estremamente basse, e quindi parte del segnale da raddrizzare viene sempre persa.

Dato che la parte dell' apparato che si occupa di filtrare il segnale radiofonico dal rumore di fondo è composta da un unico filtro, cioè dall'insieme della bobina di sintonia e delle capacità parassite tra i fili della stessa, il filtraggio è piuttosto blando, e può spesso capitare di ricevere stazioni radiofoniche sovrapposte.

Chapter 5

L'oscillatore a triodo

Abbandoniamo per un capitolo lo sviluppo dei ricevitori radiofonici per occuparci di trasmissione di segnale. Come già detto il rocchetto di Rumkoff utilizzato da Marconi per trasmettere una scintilla su una certa frequenza, permetteva di essere utilizzato solo per segnali morse.

La scintilla ad altissima energia emessa dal rocchetto di Rumkoff, infatti, innescava una oscillazione la cui frequenza dipendeva dalla lunghezza dell'antenna usata per la trasmissione. Dato che però l' energia veniva fornita solo al momento della scarica, questa oscillazione si attenuava in un tempo molto breve, come nella figura qui sotto:

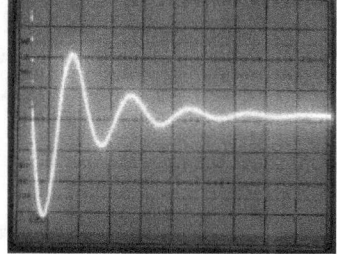

L'invenzione del triodo cambiò le cose.

Il triodo, infatti, funziona come amplificatore. E' possibile amplificare l' onda smorzata con un triodo, e riportarla nuovamente alla griglia del triodo stesso.

Questo permette di fornire nuovamente energia all' onda, mantenendo in pratica l' oscillazione.

Un oscillatore è un circuito che può essere usato per generare un onda ad una certa frequenza la cui forma d'onda sia pressochè sinusoidale e la cui ampiezza si mantenga costante nel tempo. Un circuito molto semplice che può essere costruito con una sezione del triodo ECC83 e che permette di ottenere una oscillazione ad una certa frequenza potrebbe essere il seguente.

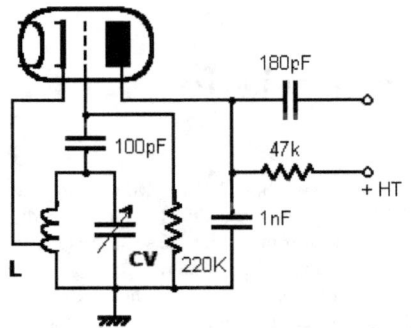

Si tratta di un oscillatore "Hartley".

Hartley fu un ricercatore elettronico impiegato presso la Western Electric Company, dove nel 1915 ricevette il compito di occuparsi dell' sviluppo di ricevitori radiofonici per i tests di telefoni transatlantici dei laboratori Bell. Durante il suo lavoro sviluppò una propria versione di oscillatore, molto adatta per trasmettere segnali la cui frequenza fosse superiore ai cento megahertz.

Lo schema funziona in questo modo: alla griglia di un triodo è connessa una bobina con una presa centrale, con in parallelo un condensatore. Al momento dell'accensione del circuito, o per effetto di disturbi elettromagnetici esterni, l' insieme di bobina e condensatore connessi tra la griglia del triodo e la massa ricevono un onda ad una definita frequenza.

Dato che quest'onda è applicata ad una griglia di un triodo, questa viene amplificata causando una variazione della corrente anodica del triodo stesso.

La bobina ha una presa centrale. Questa presa centrale è connessa al catodo della valvola, quindi parte della bobina è percorsa dalla corrente anodica (praticamente identica a quella catodica). La variazione della corrente anodica, allora, si ripercuote sul segnale applicato alla griglia, causandone una amplificazione.

Il condensatore in serie al catodo, l'induttanza stessa e il comportamento del triodo fanno in modo che il segnale che viene riportato alla griglia sia temporalmente in ritardo rispetto a quello originale. Così in ritardo da potersi sommare al precedente e quindi mantenere l' oscillazione.

Solo il segnale ad una particolare frequenza, però, ritornerà alla griglia sfasato in maniera tale da potersi correttamente sommare al segnale originale. Questa frequenza non è altro che la frequenza di risonanza del circuito LC composto dalla nostra bobina e dal condensatore.

Abbiamo detto che la bobina avrà una presa centrale ma non abbiamo specificato nè quante spire dovrà avere la bobina nè a quale spira la presa centrale dovrà essere posta.

In pratica il numero di spire e la capacità del condensatore dipendono fortemente dalla frequenza che vogliamo ottenere dall' oscillatore.

La formula che si dovrebbe usare per stimare la frequenza a cui lavora un circuito risonante LC è la seguente:

$$F = \frac{1}{2\pi\sqrt{LC}}$$

Il problema è che per poter usare questa formula è necessario conoscere a priori sia il valore di induttanza L della bobina che stiamo utilizzando che il valore C di capacità del condensatore.

Possiamo allora lavorare al contrario e per via sperimentale utilizzare un oscillatore per stimare l'induttanza di una bobina, valutando la frequenza ottenuta dal circuito risonante.

5.1 Testare un circuito risonante

Molte volte, per costruire una radio, è necessario costruire per prima cosa il circuito risonante, composto dalla bobina e dal condensatore variabile si sintonia.

In molti libri viene indicato il numero di spire necessario per realizzare una buon bobina, e la capacità ideale per il condensatore da affiancarvi.

In realtà, in molti casi pratici, il supporto o il filo disponibile per la bobina è un pò diverso da quello richiesto dal progetto, e anche i condensatori variabili sono difficili da reperire. Tanto che ho ritenuto necessario inserire, in questa pubblicazione, un paragrafo che spieghi come sia possibile costruirsi questi componenti da soli.

Può essere allora importante sapere se un circuito risonante sia effettivamente tarato per funzionare alla frequenza che ci interessa, e quindi per ricevere qualcosa. E magari sapere anche, ruotando il nostro condensatore variabile, quale sia la gamma di frequenze a nostra disposizione.

Il nostro scopo sarà, almeno inizialmente, quello di realizzare un ricevitore per le onde medie. Vengono considerati segnali in onde medie tutti i segnali la cui frequenza sia tra trecento kilohertz e tre megahertz.

Non tutte queste frequenze vengono però utilizzate per la radiodiffusione. La gamma delle onde medie su cui in italia avvengono trasmissioni va da circa 600 kilohertz a 1600 kilohertz.

Ci interessa allora ottenere un circuito, composto da una bobina e da un condensatore variabile, la cui frequenza possa variare tra 600 e 1600 kilohertz. Non è una operazione facile dato che si tratta di una gamma piuttosto ampia.

Comunque, quello che possiamo fare è costruire il nostro condensatore, e costruire anche la nostra bobina avendo cura di prevedere su questa una presa intermedia. Se la bobina avrà novanta spire la presa intermedia dovrà essere attorno alla trentesima spira, e per un numero diverso di spire possiamo regolarci in proporzione.

Una volta fatto questo possiamo montare la bobina, assieme al condensatore variabile, su una basetta in modo da poter agevolmente variare la capacità del condensatore senza toccarne le armature con le dita.

Su questa basetta costruiremo un oscillatore di hartley, per far oscillare il nostro circuito risonante alla propria frequenza caratteristica. Frequenza che poi dovremo rilevare in qualche modo.

Fissiamo sulla basetta, con una vite autofilettante, uno zoccolo noval per valvole.

Io ho utilizzato una delle due sezioni di una valvola ECC83, perchè questa valvola ha un guadagno piuttosto alto, e anche perchè è facile da reperire.

Sappiamo che la valvola, per funzionare, ha bisogno di due tensioni di alimentazione distinte. Una per il filamento e una per il passaggio di corrente tra anodo e catodo. Fortunatamente, nel caso della ECC83, la tensione necessaria per il circuito anodico è abbastanza bassa, e quindi possiamo ottenere entrambe le alimentazioni dalla stessa fonte. Nel mio caso ho reperito un alimentatore da ventiquattro volts che veniva utilizzato per alimentare un router adsl. L' apparecchio fornisce una tensione che è già continua, e ragionevolmente priva di rumore.

Il filamento della ECC83 va alimentato, però, con una tensione di soli dodici volts, e con una corente di 150 milliampere. Questo significa che la resistenza interna del filamento sarà di

$$\frac{12}{0.150} = 80\Omega$$

Per cui per ottenere la corrente necessaria dalla nostra fonte di alimentazione a ventiquattro volts, il filamento dovrà essere messo in serie con una resistenza ancora da ottanta ohm.

Questa resistenza dovrà però essere in grado di dissipare una potenza pari al prodotto tra la corrente e la tensione, cioè:

$$12 * 0.150 = 1.8W$$

Avremo quindi bisogno di una resistenza da due watt, altrimenti questa si surriscalderà danneggiandosi, o peggio, danneggiando la nostra valvola. Ovviamente se avete un alimentatore con una tensione di uscita differente dovrete rifare questo calcolo per valutare il valore corretto di resistenza da utilizzare. Valutate anche la potenza che dovrà essere dissipata o rischierete qualche ustione alle dita.

La prima parte del circuito assemblata, quindi, sarà qualcosa di questo tipo:

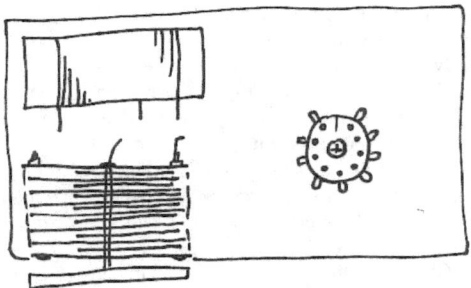

Costruiremo un circuito risonante parallelo, mettendo quindi in parallelo tra loro la bobina e il condensatore. Il passo successivo sarà quello di collegare il circuito risonante alla griglia della valvola, usando un condensatore da circa cento picofarad, e di collegare tra il catodo della valvola e l'altro estremo del circuito risonante.

Tra l' anodo della valvola e la griglia dovrà esserci un altro condensatore da un nanofarad.

A questo punto possiamo costruire il circuito anodico. Una resistenza collegherà l'anodo del triodo all'alimentazione positiva, mentre il catodo sarà collegato alla presa centrale della bobina. Il valore di questa resistenza deve essere stimato, come abbiamo fatto per i circuiti precedenti.

Alimentando questo circuito la valvola dovrebbe accendersi, ma non succederà praticamente nulla. Collegando però un oscilloscopio all' anodo del triodo, si dovrebbe rilevare un onda sinusoidale, di ampiezza comparabile con quella della tensione di alimentazione. La frequenza di quest' onda sarà direttamente legata al circuito risonante. Da questa sarà allora possibile, magari sostituendo il condensatore variabile con un componente di valore noto, risalire al valore dei due componenti.

Variando il valore di capacità del condensatore variabile, poi, la frequenza cambierà tra un valore minimo ed un valore massimo. Questo ci permtterà di valutare esattamente il comportamento del circuito LC.

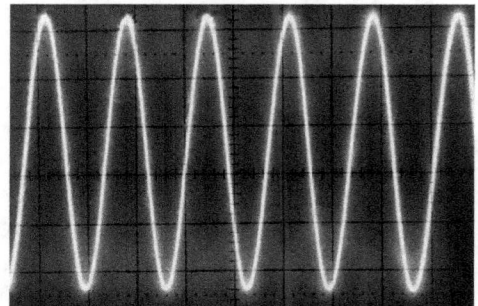

Qualora non aveste un oscilloscopio, cosa abbastanza probabile, questo circuito può ancora essere utilizzabile avvicinandolo ad una radiolina AM a transistor. Infatti vicino al circuito verrà irradiata un onda che sarà alla frequenza di risonanza del gruppo RC.

Se questa onda cade nel range di frequenze che possono essere ricevute dalla radiolina, sul canale corrispondente la radio resterà completamente muta. Non si sentirà neppure il fruscio, che normalmente si riceve ovunque.

Variando il condensatore cambierà il punto in cui la portante vuota si presenta. Anche in questo caso, con molte (e laboriose) prove, è possibile capire se il circuito risonante da noi costruito cade nella gamma delle onde medie o meno.

Possiamo anche notare una cosa interessante: se avviciniamo un dito alla griglia della valvola il rumore raccolto dal nostro corpo, che funziona come antenna, verrà amplificato dal triodo stesso e da questo trasmesso. Lo stesso rumore verrà ricevuto sulla radiolina. Con questo semplice circuito e a distanze molto brevi stiamo trasmettendo un segnale radiofonico.

Ricordatevi questo schema, e se avete costruito un prototipo non buttatelo perchè ci torneremo sopra nei prossimi capitoli per realizzare qualcosa di più interessante.

Chapter 6

I ricevitori a circuiti accordati

Nei capitoli precedenti ho proposto uno schema di radio a valvole che può essere utilizzato per ricevere qualche segnale. Lo schema era costruito con un unica valvola, rilevando il segnale e poi mettendo in cascata due stadi amplificatori a bassa frequenza. Questo schema, pur essendo funzionante, presenta una serie di problemi, che cercheremo di risolvere uno ad uno.

Per prima cosa la sintonia non è precisa. Il solo circuito risonante non permette infatti di sintonizzare precisamente una stazione. Il suono è riprodotto con un forte rumore di fondo e se ci sono due stazioni ragionevolmente vicine queste si sentono assieme.

Poi il volume rimane piuttosto basso, e se tentiamo di alzarlo aggiungendo stadi di amplificazione dobbiamo essere estremamente precisi nel montaggio, altrimenti si verificano una serie di oscillazioni tra uno stadio e l' altro, molto fastidiose per chi ascolta.

L' antenna deve poi essere molto sensibile. Dato che il segnale viene demodulato dal primo stadio della radio il suo livello deve essere sufficiente per attraversare il primo triodo senza cadere sotto un valore di soglia tra conduzione e interdizione, che la valvola comunque presenta. Ricordiamo infatti che per il primo triodo, il catodo e la griglia sono praticamente allo stesso potenziale in modo da poter distinguere la semionda positiva da quella negativa.

Una soluzione migliore si può ottenere realizzando una radio che sia cotruita con due circuiti risonanti.

Un primo stadio riceve il segnale radiofonico utilizzando un circuito risonante. Il segnale verrà quindi filtrato, e una singola banda verrà selezionata, anche se questa sarà ancora piuttosto ampia. Il segnale non verrà demodulato ma solamente amplificato. Un triodo, infatti, ha una banda sufficientemente ampia da poter amplificare un segnale ad onda media, anche se con un guadagno non molto elevato.

Il segnale, così amplificato, verrà applicato ad un secondo circuito risonante. Questo si occuperà di rilevarlo per poi permetterne l' amplificazione. Il segnale, allora, attraversa due distinti circuiti risonanti, e questo rende la selezione del canale molto più precisa. Inoltre, alla parte del circuito che amplifica il segnale in bassa frequenza si affianca una sezione che lo amplifica in alta frequenza, prima della demodulazione. Queste due sezioni del circuito amplificano segnali molto diversi, e quindi possono convivere con un richio molto basso di innescare oscillazioni.

Per fare questo, i due circuiti risonanti dovranno essere accordati esattamente sulla stessa frequenza. E dovranno rimanere in accordo anche se la loro frequenza di lavoro cambia. E' necessario allora costruire due bobine praticamente identiche, e utilizzare un condensatore variabile composto di due stadi. Ruotando il perno del condensatore, le armature che dovranno ruotare saranno due.

Usare per questo circuito dei condensatori fatti in casa è una operazione estremamente difficile. Basta che una delle lamine che compongono un armatura sia piegata in maniera diversa per avere una parte della banda in cui i due circuiti non saranno correttamente accordati. E piccole differenze possono portare a non ricevere nulla.

In commercio allora esistono (e sono piuttosto comuni) condensatori variabili composti da due stadi uguali. Questi condensatori permettono un aggiustamento "fine" della capacità di una delle due sezioni ruotando una vite o piegando di pochi millimetri una delle rotelle che compongono il rotore, costruita in modo che l' operazione di taratura risulti semplice.

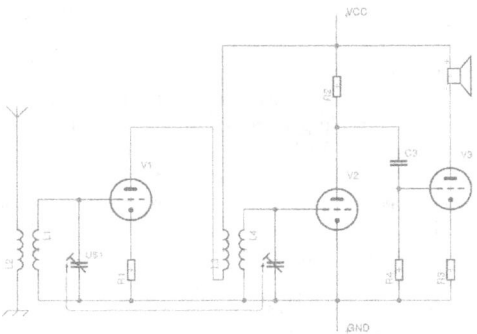

E' interessante notare che, su alcuni schemi degli anni venti, questo tipo di radio potevano essere costruite per lavorare con due distinti condensatori di sintonia: uno per il primo e uno per il secondo stadio. Questo risolveva il problema di dover usare due condensatori sempre identici, e permetteva di usare componenti di minore qualità. Rendeva però molto difficile il poter trovare la stazione, avendo due manopole per la sintonia. Quando uno dei due condensatori viene posizionato in modo da ricevere qualcosa sarà necessario ruotare il secondo, con pazienza, fino a rendere il segnale ben udibile. Dato che la sintonia è ottenuta dall'insieme dei condensatori, trovare un canale non è certo facile.

Lo schema può essere esteso per avere più stadi di amplificazione in alta frequenza. In questo caso, però, diventa necessario avere dei condensatori variabili con tre o più stadi identici, complicando ancora il problema della taratura.

Questo tipo di apparecchi sparirono presto dal commercio, a causa della loro complessità di taratura e manutenzione. Vennero sostituiti con apparati di caratteristiche migliori, di cui parleremo più avanti.

6.0.1 Tetrodo e pentodo

Gli apparecchi a circuit accordati richiedevano che le valvole fossero in grado di amplificare direttamente segnali a frequenze abbastanza alte. Purtroppo, per come sono fabbricati, i triodi hanno capacità parassite piuttosto elevate. La griglia è piuttosto vicina sia al catodo che all' anodo, quindi la griglia con l' anodo e la stessa griglia con il catodo si comportano come armature di un condensatore. Parte del segnale che viene applicato alla griglia, quindi, anzichè essere amplificato viene portato verso il catodo o verso l' anodo, e quindi disperso.

All' aumentare della frequenza del segnale questa perdita è sempre più sensibile. Quindi se il triodo ha un buon comportamento nella parte a bassa frequenza di una radio, non da invece buoni risultati per la parte in alta frequenza.

In particolare i triodi si comportano ancora bene nell' amplificare le onde medie, ma perdono moltissimo segnale quando ci si sposta verso le onde corte.

Lo spostamento verso le onde corte fu però una scelta obbligata, dato che nelle sole onde medie c'è la possibilità di mantenere un numero limitato di canali, e con qualità sonora piuttosto bassa.

Nel 1927 venne introdotta una variante del triodo, il tetrodo, in grado di raggiungere frequenze più alte di lavoro.

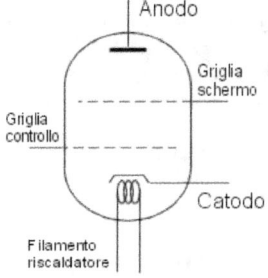

Il tetrodo, che è schematizzato in figura, ha una griglia aggiuntiva rispetto al triodo. Questa griglia si trova tra la prima griglia e l' anodo, ed è polarizzata ad una tensione positiva, mentre i disturbi su questa vengono riportati a massa con un condensatore. Funziona come schermo elettromagnetico per l' anodo, riducendone la capacità e quindi aumentando la banda disponibile.

Il tetrodo venne però presto sostituito con un altra valvola, il pentodo, che aveva un ulteriore griglia. Questo perchè la seconda griglia funzionava da acceleratore delle particelle dirette verso l' anodo. Quando queste raggiungevano l' anodo ad alta velocità c' era un fenomeno di emissione secondaria: gli elettroni che colpivano l' anodo avevano abbastanza energia da liberare altri elettroni generando un disturbo che si traduceva in una distorsione del segnale.

La terza griglia serviva, allora, per raccogliere questi elettroni riflessi e ridurre la distorsione. Qui sotto è riportato lo schema di un pentodo.

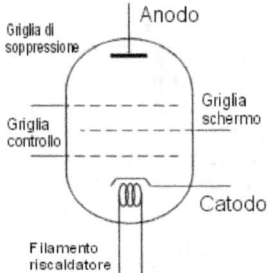

Dal nostro punto di vista un pentodo si utilizza allo stesso modo di un triodo, ma con l' accortezza di collegare la seconda griglia ad una tensione positiva e ad un condensatore, e di collegare la terza a massa. Il risultato sarà un amplificatore in grado di raggiungere frequenze molto più elevate.

Detto questo, il tetrodo e il pentodo possono essere usati anche in altro modo.

Ad esempio il fatto che il tetrodo distorca il segnale inserito potrebbe non essere una caratteristica sempre negativa. Vedremo più avanti a cosa potrebbe servire. Il pentodo poi, avendo due ingressi, potrebbe essere usato per amplificare segnali differenziali.

Uno schema migliorato di un apparecchio a circuiti accordati potrebbe essere allora il seguente:

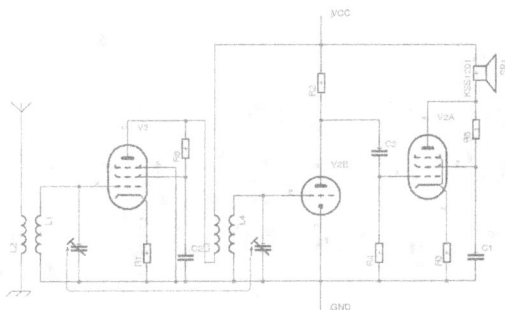

La prima valvola, un pentodo, si occupa di amplificare il segnale in radiofrequenza. Il segnale così amplificato viene riportato, tramite un avvolgimento, ad un secondo circuito risonante. Questo secondo circuito lo rivela per poi passarlo ad un terzo stadio che funziona come amplificatore a bassa frequenza. Per il secondo e terzo stadio assieme è stata utilizzata una stessa valvola che contiene sia un triodo che un pentodo, pensata come amplificatore audio. In particolare mi sono basato sulla PCL805.

Da notare che potete costruire questo tipo di radio anche utilizzando tre triodi e con qualche componente in meno. Semplicemente avrete un guadagno più basso della sezione di radiofrequenza.

Perchè le cose funzionino correttamente è necessario che i due circuiti accordati di sintonia siano montati in modo che il secondo non interferisca sul primo. L' ideale potrebbe essere montare cascuna delle bobine in una scatola di metallo e/o montare la seconda bobina con il supporto ad un angolo di novanta gradi rispetto alla prima.

Se lo avete a disposizione potete usare un condensatore variabile con due stadi identici, altrimenti potete usare due condensatori variabili distinti. Questo ovviamente richiederà molta più pazienza nel sintonizzare la stazione.

Chapter 7

Trasmettitori radiofonici

Nei capitoli precedenti abbiamo visto come è possibile costruire un oscillatore in grado di generare un onda, praticamente sinusoidale, ad una certa frequenza, e abbiamo utilizzato questo meccanismo per testare i nostri circuiti risonanti. Nei primi anni del '900, Lee De Forest e Reginald Fendessen proposero il meccanismo della modulazione di ampiezza. Si tratta di prendere il segnale generato da un oscillatore, che è un onda ad una singola frequenza, e di variarne l' ampiezza secondo il valore di un altro segnale, ottenuto da una sorgente sonora attraverso un microfono. Il risultato è un segnale a modulazione di ampiezza, che può essere ricevuto con un apparecchio a galena, o con uno dei ricevutori valvolari descritti in precedenza. I primi tentativi di trasmissione della voce umana avvennero poi attorno al 1910.

Nel nostro caso possiamo costruire un oscillatore e poi chiederci quale modifica fare, su questo per fare in modo di poter inviare un segnale che arriva da un microfono.

Come abbiamo già detto un oscillatore funziona purche parte del segnale in uscita di un amplificatore possa essere riportato all'ingresso dell' amplificatore stesso, sfasato in modo opportuno. Storicamente il primo oscillatore ad essere realizzato fu l' oscillatore di Armstrong, proposto da Edwin Armstrong poco dopo il 1910. Infatti, Armstrong si rese conto che, sotto certe condizioni, il triodo di De Forest, anzichè comportarsi come amplificatore, poteva andare in oscillazione, emettendo spontaneamente un segnale anzichè amplificarne uno esterno.

Lo schema utilizzato da Armstring per i suoi esperimenti era molto semplice, ed era all' incirca questo.

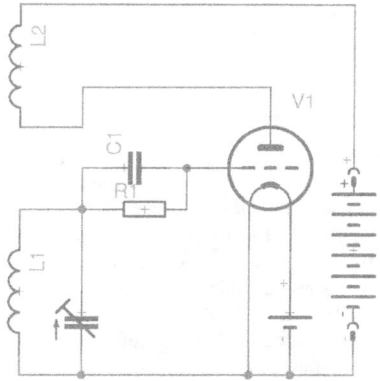

Ovviamente la cosa funziona anche utilizzando un triodo con il catodo separato dal filamento. E funziona meglio se il catodo è ad una tensione positiva rispetto alla griglia, quindi con una resistenza di catodo. Le due bobine del circuito devono essere vicine tra loro. Solitamente sono avvolte sullo stesso supporto.

Se il triodo è alimentato il segnale ricevuto dal circuito accordato viene sfasato dal condensatore C1 e amplificato. Il segnale amplificato è una corrente che attraversa l' anodo della valvola e anche la seconda bobina, quella in alto. Quando questa bobina è attraversata da corrente induce nuovamente parte del segnale sul circuito risonante.

Lo sfasamento dovuto al condensatore C1 e all' amplificazione causata dal triodo fa in modo che il segnale che ritorna al circuito risonante venga amplificato nuovamente, iniziando una oscillazione. Sull' anodo della valvola è possibile ottenere una oscillazione, di ampiezza anche sensibile, e la cui frequenza è praticamente definita dal circuito risonante LC.

Armstrong proseguì i suoi studi cercando di utilizzare questo circuito per la ricezione di segnali, fino a brevettare sia le radio a riflessione che l' idea del moderno circuito supereterodina.

Abbiamo già visto come è fatto un oscillatore di hartley. E' interessante mostrare anche lo schema di un oscillatore di Colpitts. E' praticamente analogo all' oscillatore di Hartley ma le resistenze sono sostituite con condensatori e viceversa.

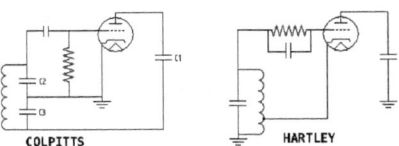

COLPITTS   HARTLEY

Ciascuno di questi oscillatori può essere utilizzato, con poche modifiche, per trasmettere un segnale ottenuto, ad esempio, da un microfono.

Nel nostro caso potremmo trasmettere il segnale modificando il circuito che abbiamo realizzato in precedenza per testare i circuiti lc. Se ci accontentiamo di una modulazione piuttosto debole, che cioè vari di poco l' ampiezza dell'onda portante, possiamo collegare un microfono, magari fatto con un piccolo altoparlante, in serie alla resistenza da 220KΩ che polarizza la griglia della valvola. Una variazione di tensione ai capi del microfono cambia il punto di polarizzazione della valvola, cambiando (anche se di poco) il guadagno di questa,e quindi l' ampiezza dell' onda.

Risultati migliori si potrebbero ottenere, ad esempio, sostituendo o affiancando una delle resistenze del circuito con un microfono a carbone. Ma oggi trovare questo tipo di componenti è divenuto difficile.

L' oscillazione modulata è presente al capo del condensatore da 180pF. Qui andrebbe quindi applicata un antenna, che può anche essere un semplice filo di rame. Deve essere molto lungo solo se vogliamo raggiungere una certa distanza. La massa del circuito dovrebe poi essere connessa a terra.

Un circuito costruito con più triodi può essere utile per amplificare il segnale ottenuto dal microfono prima di utilizzarlo per modulare l'onda portante. In particolare potremmo utilizzare ancora la valvola ECC83, che come abbiamo detto ha due triodi. Useremo uno dei due come amplificatore per il microfono e l' altro come oscillatore.

Tanto per cambiare, anzichè usare nuovamente un oscillatore di hartley possiamo usare l' oscillatore di Armstrong. Il circuito complessivo potrebbe essere questo:

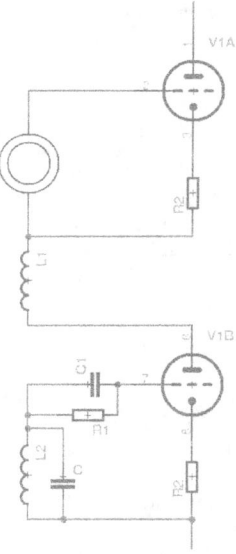

Il circuito funziona in questo modo: La sezione A del triodo amplifica quello che esce dal microfono, che può essere un qualunque microfono elettromagnetico. Il microfono è rappresentato in figura con due cerchi concentrici. Amplificandolo varia la differenza di potenziale tra l'alimentazione positiva e il capo più in alto di L1. LA sezione B è un oscillatore di Armstrong, come quello descritto in precedenza. Questa parte del circuito sarà alimentata con una tensione variabile, dipendente dal livello sonoro ricevuto dal microfono. Quindi anche l'ampiezza dell'onda generata cambierà.

Anche in questo caso non riusciamo probabilmente ad ottenere una modulazione piena, ma le variazioni che il microfono impone all'ampiezza dell'onda portante sono sicuramente maggiori rispetto al caso precedente. Le resistenze R1 e R2 possono avere lo stesso valore, che dipenderà dalla tensione di alimentazione. In condizione di riposo, allora, la tensione di alimentazione sarà ripartita equamente tra i due stadi, considerando che la caduta sulla bobina L1 sarà irrisoria.

In questo caso il circuito ha bisogno di una tensione di alimentazione abbastanza alta per poter avere una potenza decente. Potrebbero andare bene circa cento volts. Vedremo poi qualche modo per procurarsi queste tensioni. Questo perchè il progetto è stato fatto usando due triodi connessi in serie tra loro.

Quindi, attenzione a non toccare il filo sbagliato quando il circuito è acceso.

Alimentando il circuito con 100 volts ogni stadio avrà ai capi circa 50 volts.

Volendo mantenere la tensione di griglia a circa 0.5 volts abbiamo una corrente di circa 0.5 milliampere (lo si vede leggendo le curve caratteristiche della valvola). Per ottenere la tensione di griglia voluta la resistenza dovrà essere allora da

$$R = \frac{V}{I} = \frac{0.5}{0.0005} = 1K\Omega$$

.

L1 ed L2 possono essere due bobine uguali. Bisogna avere l' accortezza di far cadere la frequenza del gruppo L2, C attorno al megahertz. Lo si può fare con un condensatore che arrivi attorno ai 400 picofarad e con una bobina da ottanta spire, avvolta su un supporto da un centimetro di diametro. C1 può avere un valore di circa $1nF$ e R1 di $200K\Omega$.

Anche da breve distanza dovrebbe essere possibile ricevere il segnale con una radiolina ad onde medie.

L' antenna può essere collegata all' anodo della sezione B della valvola, magari mettendo tra questa e il circuito un condensatore da 200pF, che impedisca che toccando l' antenna si vari il punto di funzionamento dell'oscillatore.

La massa del circuito può essere connessa a terra. Anche in questo caso usate un condensatore altrimenti basterà toccare un solo filo del circuito per ricevere una scarica tra la trasmittente e la terra. Assicuratevi che i condensatori che usate per l' antenna e la messa a terra abbiano almeno un isolamento di cento volts.

La potenza di questo trasmettitore non è alta ma ricordate che le onde medie possono percorrere lunghe distanze anche con potenze molto piccole e che attraversano gli ostacoli, contrariamente alle frequenze usate ad esempio per i cellulari. Quindi probabilmente sarà possibile ricevere la vostra radio anche a parecchie centinaia di metri, o addirittura chilometri di distanza.

Chapter 8

La riflessione e le radio della guerra

Sempre Lee De Forest, l' inventore del triodo, fu anche la persona che propose il circuito a retroazione. Se riportiamo parte del segnale dall'uscita di un amplificatore al suo ingresso, e se il segnale riportato all' ingresso rispetta certe specifiche di guadagno e di ritardo, tra l' ingresso e l' uscita si innesca una oscillazione.

Ma dobbiamo pensare che De Forest lavorava con i primi triodi, che avevano un guadagno molto basso, e quindi era difficile che questa oscillazione si mantenesse.

Quindi, cosa succede se il segnale ha un guadagno troppo basso nel tornare all' ingresso o se lo sfasamento tra uscita e ingresso non raggiunge il tempo necessario? ovviamente non si innesca una oscillazione stabile, ma ci sono altri fenomeni interessanti. Infatti, il segnale che dall'uscita viene riportato all' ingresso, anche se non è in grado di innescare una oscillazione, viene sommato al segnale in ingresso, amplificandolo oltre il normale guadagno del triodo.

Possiamo provare questo meccanismo avendo a disposizione un amplificatore di bassa frequenza, ad esempio le casse del computer, e un microfono.

Useremo il microfono come ingresso per le casse.

Portandoli molto vicino tra loro viene emesso un fischio. Si innesca in una frequenza udibile l' equivalente dell' oscillazione che sul triodo si innesca in alta frequenza. Se il microfono viene però allontanato e avvicinato ripetutamente alle casse possiamo trovare una distanza alla quale l' effetto si innesca.

Se siamo oltre questa distanza e parliamo nel microfono sentiremo la nostra voce sulle casse.

Se siamo molto vicini alla distanza di innesco e parliamo nel microfono vedremo che la nostra voce subirà due effetti: per prima cosa una distorsione, essendo parzialmente sovrapposta con l' oscillazione, e come seconda cosa una amplificazione maggiore di quella che potevamo aspettarci stando lontani dal punto di innesco, dato che parte del segnale viene amplificato più volte.

Ma di quanto può aumentare il guadagno sul segnale? idealmente, se noi riuscissimo a regolare con precisione millimetrica la posizione del microfono rispetto all' amplificatore, potremmo ottenere un guadagno praticamente infinito nell' amplificazione della nostra voce.

In realtà succedono due cose: la prima è che il circuito diviene gradualmente più sensibile alla sola frequenza di oscillazione. Tutti i segnali che si trovano su altre frequenze vengono progressivamente scartati con l'aumento del guadagno. La seconda è che il punto in cui l' oscillazione si innesta non rimane sempre lo stesso, ma può spostarsi di poco, anche in maniera dipendente dal volume della voce.

Il meccanismo di retroazione positiva può essere utilizzato per costruire una radio. Lo schema classico di un ricevitore a reazione è qualcosa di questo tipo.

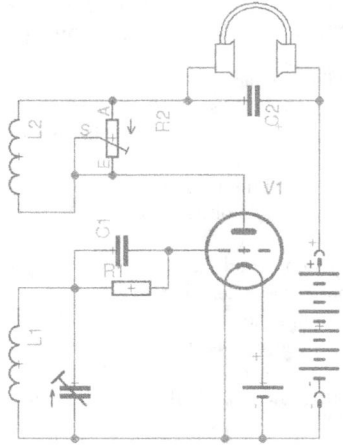

Come si può vedere si tratta dello stesso amplificatore di Armstrong visto in precedenza. Sono stati aggiunti solamente i componenti necessari a demodulare l' onda ricevuta, cioè il condensatore e le cuffie, e una resistenza che può essere usata per regolare il livello di reazione.

Le osservazioni che abbiamo fatto riferendoci all' oscillazione che si innesca su un amplificatore audio sono interessanti anche per il ricevitore radiofonico. Gli effetti di amplificazione e oscillazione sono infatti gli stessi, ma i risultati sono per noi interessanti.

Il primo effetto che abbiamo visto ci garantisce che all'aumentare dell' amplificazione una sola frequenza verrà amplificata dal circuito. La cosa è utile perchè ci permette di selezionare, con molta precisione, il canale da ricevere con un rischio solamente minimo che questo sia disturbato da segnali su canali adiacenti.

Il secondo significa che questa radio dovrà avere due regolazioni: una per scegliere il canale e una per regolare il livello di retroazione (guadagno verso l' ingresso). La retroazione dovrà essere regolata in maniera molto fine per poter ricevere con un volume elevato. Si può arrivare a ricevere su un altoparlante con una sola valvola.

Quando il livello di retroazione sarà alto, però, il segnale ricevuto sarà accompagnato da una serie di fischi dovuti all'interferenza tra i segnali che arrivano dall'antenna e l'oscillazione locale, udibili anche nel caso in cui questa sia smorzata.

Del ricevitore a reazione esistono un numero elevatissimo di varianti. Questo perchè un qualunque circuito oscillatore assieme ad un meccanismo per regolarne il guadagno può essere utilizzato per ricevere i segnali radiofonici.

Alcuni schemi classici sono ad esempio questo sotto, in cui il livello di reazione viene regolato usando due circuiti risonanti simili, e quindi due condensatori variabili:

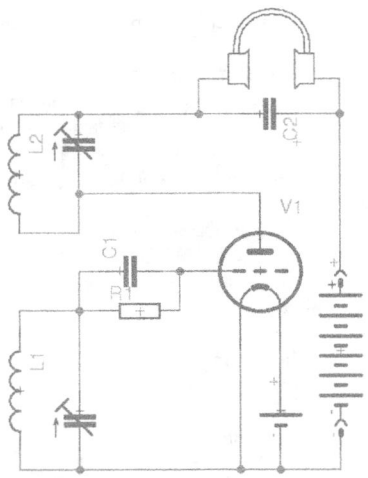

oppure questo, in cui il livello di reazione viene regolato ruotando una delle due bobine. Infatti, se due bobine sono coassiali, un segnale che si trovi su una viene indotto sull' altra quasi completamente. Il segnale è invece quasi nullo se tra gli assi delle due bobine c'è un angolo di circa novanta gradi:

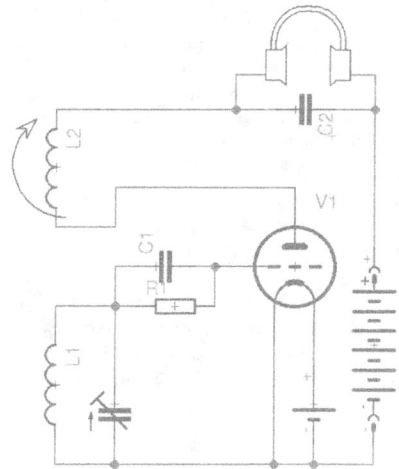

Molte radio usavano inoltre un circuito a reazione come primo stadio per migliorare la selettività ed essere più sensibili ad una singola frequenza riducendo il rumore. In questo caso la regolazione della reazione non era modificabile, ma tarata in maniera approssimativa alla realizzazione del ricevitore.

Potete provare a costruire uno degli schemi qui sopra e a far funzionare un ricevitore a reazione con una sola valvola. Io ho provato e devo dire che i risultati sono buoni, purchè si abbia pazienza.

Infatti è necessario molto tempo e l'ascolto di molti fischi in cuffia per trovare un buon punto per la regolazione del livello di reazione. Questo perchè se il livello di reazione è troppo basso non si sente praticamente nulla, mentre se questo è troppo alto i fischi distorcono il segnale ricevuto, rendendolo non solo inintelligibile ma addirittura talmente distorto da non capire se si stia ascoltando un emittente o semplice rumore.

Una volta però che ci si è impratichiti nel raggiungere il corretto livello di reazione è possibile ascoltare in cuffia molti canali, soprattutto stranieri. La sensibilità del ricevitore è infatti piuttosto alta e la ricezione distorta ma comprensibile.

Negli anni venti parecchi ricevitori commerciali o offerti in kit utilizzavano il meccanismo della reazione per funzionare. Questo tipo di ricevitori venne però abbandonato dopo che il 10 luglio 1924, con un regio decreto venne in italia regolamentata la produzione e l'utilizzo di apparati radiofonici.

Infatti gli apparati a reazione, essendo composti fondamentalmente da un oscillatore usato come ricevitore avevano il difetto di emettere essi stessi onde radio e di riportarle all' antenna. Chi ascoltava questa radio, specialmente ad alto volume, trasmetteva durante l' ascolto disturbi che potevano impedire a radio vicine di funzionare. Inoltre molte aziende avevano iniziato a produrre radio supereterodina. Questo nuovo meccanismo di funzionamento, che è lo stesso che utilizzamo anche oggi nei ricevitori moderni, permetterà delle migliorie che renderanno rapidamente obsoleti i circuiti a reazione.

L'inizio di una produzione in serie per le valvole, che ne ridusse i prezzi, e i miglioramenti tecnologici che ne aumentarono i tempi di vita resero economicamente conveniente la produzione di radio supereterodina, anche se queste richiedevano un numero di valvole maggiore per funzionare.

Chapter 9

La supereterodina

Come abbiamo visto la prima complicazione nella costruzione di un apparato radiofonico viene dalla necessità di amplificare in maniera selettiva una sola frequenza, e anche nella capacità di poter sintonizzare, alla stessa maniera una ampia gamma di frequenze.

Se dovessimo ricevere una sola frequenza, anzichè far spaziare il ricevitore in una gamma piuttosto ampia, il circuito ricevente sarebbe più semplice e potrebbe essere tarato una sola volta, senza la necessità di avere manopole di regolazione per ricevere diversi canali.

L' idea alla base del sistema eterodina fu definita da Reginald Aubrey Fessenden, un inventore americano che lavorava alla ricetrasmissione di segnali nei primi del novecento.

Se un segnale che si trovi ad una certa frequenza F1 viene mischiato ad un altro segnale che si trovi alla frequenza F2, sotto certe condizioni, oltre ai due segnali originali si trovano dopo il miscelatore anche altri segnali, rispettivamente ad una frequenza corrispondente alla somma e alla differenza delle due frequenze F1 ed F2.

Se uno di questi segnali è modulato, ad esempio in ampiezza, anche i due segnali generati dal miscelatore saranno modulati allo stesso modo. Questo significa che, avendo a disposizione un segnale oscillante ad una frequenza stabile possiamo trasportare il segnale radiofonico modulato da una frequenza ad un altra, senza perdere le informazioni in esso contenute.

Armstrong, di cui abbiamo già parlato in precedenza come inventore dell' oscillatore, perfezionò questo meccanismo arrivando all' idea del ricevitore supereterodina.

Lo schema a blocchi del ricevitore è riportato qui sotto:

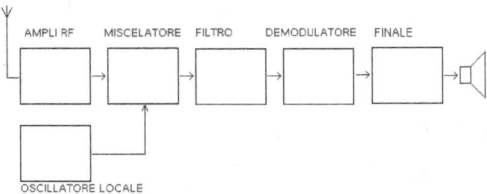

AMPLI RF   MISCELATORE   FILTRO   DEMODULATORE   FINALE

OSCILLATORE LOCALE

Il sistema funziona in questo modo: il segnale ricevuto dall' antenna viene per prima cosa amplificato e poi passato ad uno stadio miscelatore.

Lo stadio miscelatore ha anche un altro ingresso, che è collegato ad un oscillatore locale.

Tralasciando la dimostrazione matematica che spiega come il miscelatore funzioni, possiamo comunque dire che il segnale di uscita dovrebbe essere proporzionale al prodotto dei due segnali in ingresso. In realtà questo è difficile da ottenere, ma usando come miscelatore un amplificatore che abbia due ingressi non perfettamente disaccoppiati tra loro e quindi un comportamento non lineare, una componente dell' uscita sarà sempre il prodotto tra i due segnali.

Le prime radio supereterodina utilizzarono come stadio miscelatore una valvola bigriglia. Come abbiamo già detto il tetrodo è una valvola che ha degli effetti di distorsione causati dalla presenza della seconda griglia non schermata. Solitamente questi effetti la fanno scartare come valvola di uso comune in favore del pentodo, più lineare. In questo caso, però, il fatto che la valvola sia non lineare permette di miscelare meglio i segnali.

Se voleste fare degli esperimenti potete usare, al posto di una valvola bigriglia, un normale pentodo in cui la griglia di schermo rimanga scollegata dalla massa. Purtroppo nella maggior parte dei pentodi il collegamento tra griglia di schermo e massa è già dentro il bulbo, ma se ne trovano alcuni in cui questo non succede.

Dato che il primo uso delle valvole era la fabbricazione di ricevitori radiofonici, venne più tardi sviluppata una serie di valvole, eptodi o triodi-eptodi, fatti in modo da concentrare in un unica valvola sia gli stadi di entrata che il miscelatore. Una specie di circuito integrato dell'epoca.

Supponiamo che l' oscillatore locale stia lavorando alla frequenza di un megahertz e che il circuito risonante del ricevitore sia tarato attorno alla frequenza di un megahertz e mezzo. Il miscelatore produrrà due segnali in

uscita alla frequenza di cinquecento kilohertz e alla frequenza di duemilac-
inquecento kilohertz. Diciamo che ci interessi amplificare la frequenza più
bassa: è infatti facile amplificare frequenze basse rispetto a frequenze alte.

Se ora spostiamo la taratura del circuito risonante fino a raggiungere
la frequenza di uno virgola sei megahertz, anche la frequenza in uscita al
miscelatore si sposterà raggiungendo i seicento kilohertz.

Possiamo però fare in modo che le variazioni di frequenza del circuito
risonante si riflettano sulla frequenza dell' oscillatore locale usando un condensatore variabile con due sezioni uguali: Quando la frequenza del circuito
risonante passa da 1.5 a 1.6 megahertz anche la frequenza dell' oscillatore
locale potrà passare da 1 a 1.1 megahertz. La differenza tra le due frequenze
resterà allora costante.

Quindi, se abbiamo un condensatore con due sezioni abbastanza simili,
nel momento in cui la capacità di questo varia, sia il circuito risonante del
ricevitore che quello dell'oscillatore locale cambieranno frequenza, ma la differenza tra le due frequenze rimarrà costante.

Questo significa che, anche cambiando il canale che andremo a ricevere,
la frequenza che dovremo amplificare sarà sempre la stessa.

La prima parte dello schema di una radio supereterodina, allora, potrebbe
essere qualcosa di simile allo schema qui sotto:

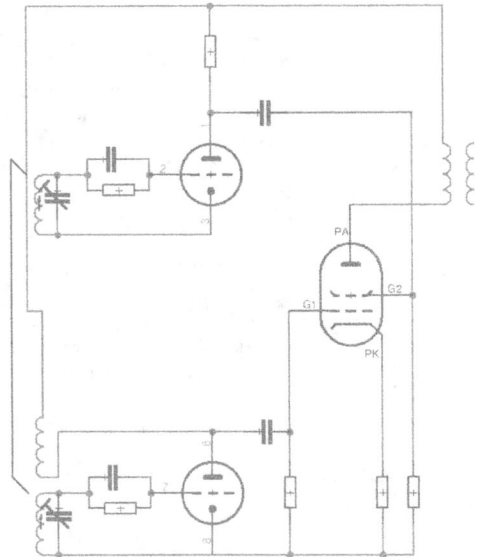

Ovviamente si tratta solamente di uno schema di principio.

Il triodo in alto a sinistra funziona da amplificatore per il segnale di ingresso. E' collegato direttamente al circuito accordato di antenna.

Il triodo appena sotto è l' oscillatore locale. Si tratta di un oscillatore di Armstrong e ha un circuito accordato simile al circuito di sintonia della radio. I condensatori del circuito di sintonia e dell' oscillatore sono coassiali. Le due frequenze devono però essere leggermente diverse.

La tentazione di mettere il primo stadio in reazione è forte, perchè questo renderebbe identico lo schema dello stadio oscillatore locale e di quello di ingresso. In molti casi una piccola reazione positiva era usata per migliorare lo stadio di etrata. Bisogna fare attenzione a non portare questo stadio in oscillazione.

Il segnale che si trova all' uscita di entrambi i triodi viene portato alle due griglie di una valvola bigriglia, dove viene miscelato, e grazie alle forti nonlinearità della valvola, all' uscita, oltre ai segnali originali alle frequenze F1 e F2 ci sono anche i segnali alla frequenza F1+F2 e F1-F2.

Datto così, sembra che la cosa sia più un problema che altro. Abbiamo sovrapposto ai nostri segnali molti disturbi su altre frequenze. Per ottenere il segnale che ci interessa è ora necessario un filtraggio. Questa volta il filtro deve però essere molto stretto, per far passare solamente la frequenza che ci interessa e ricevere un solo canale.

La frequenza che ci interessa è però ora fissa, ed è la differenza tra la frequenza del circuito accordato ricevente e quella dell' oscillatore locale. Questo valore viene chiamato "media frequenza".

Solitamente una radio moderna utilizza una media frequenza di 455 kilohertz. All' epoca però questo valore poteva variare, secondo che cistruiva il ricevitore, tra circa 50 kilohertz e 1 megahertz.

Come si vede dall' schema sopra, l' uscita della valvola miscelatrice viene presa con un piccolo trasformatore, per portare il segnale allo stadio successivo. Aggiungendo un condensatore al secondario di questo trasformatore otteniamo un circuito accordato ad una certa frequenza. Solamente i segnali attorno a questa passeranno dal primario al secondario. L' amplificatore a media frequenza sarà allora qualcosa di questo tipo:

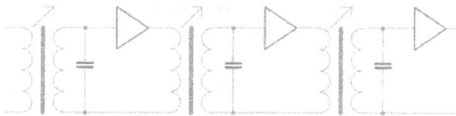

Aumentando la quantità di stadi a media frequenza aumenta anche la selettività della radio. Normalmente si tratta di uno, due o al massimo tre stadi.

Le radio a transistor, date le ridotte dimensioni e il minore costo della componentistica, invece, avevano spesso un numero maggiore di stadi di filtraggio.

Ogni stadio di media frequenza ha vantaggi e svantaggi. Il vantaggio è che il segnale, all' uscita di uno stadio MF, è amplificato rispetto a quello in entrata, e che la selettività aumenta di molto. Lo svantaggio è dato dal rumore, cod due distinti effetti.

Per prima cosa il rumore termico di ogni amplificatore MF si somma al rumore in uscita, incrementando il fruscio di fondo. Poi ogni stadio può indurre rumore sugli altri stadi o sullo stadio di ingresso, causando fischi o addirittura impedendo la ricezione.

Le bobine e le valvole degli stadi di media frequenza di una radio sono solitamente schermate il più possibile. Le bobine sono racchiuse in un contenitore di metallo, che attraverso un piccolo foro ne permetta la taratura, mentre le valvole sono coperte da un cappuccio, anche questo metallico. In questo caso il cappuccio è aperto sulla parte superiore. Per poter accedere all' anodo della valvola o comunque per impedire che il calore, prodotto dal filamento riscaldato, aumenti troppo la temperatura danneggiando la valvola stessa.

La taratura di un sistema di questo genere è complessa. Infatti tutti i trasformatori di media frequenza devono essere accordati esattamente sulla differenza tra le frequenze in ingresso, altrimenti non si riceverà nulla. Normalmente, per tarare questo tipo di radio, è necessario utilzizare un oscilloscopio.

Per prima cosa l' oscilloscopio è posto all' uscita dello stadio miscelatore e il primo trasformatore di media frequenza è tarato in modo che qui arrivi un segnale. Poi, progressivamente, si sposta il punto di test all' uscita di ogni stadio a frequenza intermedia e si tara il corrispondente trasformatore, fino ad arrivare allo stadio di uscita. Una volta che tutti i trasformatori sono tarati in uscita si riceve qualcosa. A questo punto si potrebbe procedere ad una taratura di fino, ascoltando quello che esce dall' altoparlante, per migliorare ancora la ricezione.

Possiamo allora aggiungere allo schema di principio della nostra radio uno stadio a media frequenza, per ottenere lo schema qui sotto.

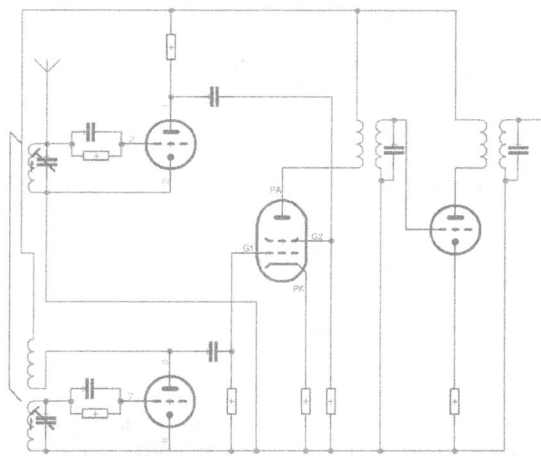

Spesso, anzichè usare come amplificatore di media frequenza un triodo, viene utilizzato un pentodo polarizzato allo stesso modo. Questo perchè il pentodo ha una maggiore risposta in frequenza e quindi un maggiore guadagno alla frequenza intermedia, che potrebbe già essere alta per un triodo.

Rimane ora il demodulatore e l' amplificatore finale.

Lo schema del demodulatore per le AM è molto semplice: si tratta di applicare il segnale, ottenuto dagli stadi precedenti, alla griglia di una valvola che sia alla stessa tensione del filamento. La stessa valvola può funzionare anche da amplificatore finale e quindi pilotare l' altoparlante. Solitamente l' amplificatore finale è costruito da un pentodo la cui seconda griglia sia polarizzata in modo da aumentarne il guadagno.

In molti casi il demodulatore e lo stadio finale sono costruiti con due valvole distinte, o con due distinti stadi della stessa valvola. Questo perchè le valvole più indicate per demodulare un segnale radiofonico non sono solitamente le stesse indicate per funzionare come finale audio.

Vedremo più avanti come funziona un demodulatore per la modulazione di frequenza, e modificheremo questo schema per adattarvelo.

In molti casi pratici lo stadio di ingresso non era come in questo schema composto da tre valvole ma da una sola. Molti produttori, infatti, misero in commercio delle valvole convertitrici di frequenza, più complesse dei semplici triodi, tetrodi o pentodi.

Lo schema classico di una valvola convertitrice di frequenza era uno di quelli qui sotto:

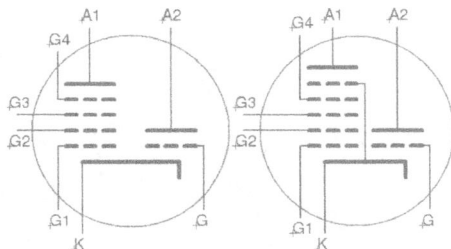

Nel primo caso si tratta di un triodo e di un esodo, cioè di una valvola con quattro griglie concentriche, che hanno il catodo in comune.

Nel secondo caso si tratta di un triodo-eptodo, sempre con il catodo in comune. La differenza tra queste due soluzioni sta solamente in una griglia di schermo aggiuntiva, che viene utilizzata come nel pentodo come griglia di schermo, limitando le distorsioni dovute all' emissione secondaria di elettroni dall' anodo.

Nello schema di una radio eptodo e esodo si usano allo stesso modo.

Nelle radio più vecchie lo schema di entrata era composto dal solo esodo o eptodo, e mancava anche il triodo usato come preamplificatore di ingresso.

Lo stadio di entrata di una radio valvolare supereterodina è più o meno sempre uguale a quello riportato qui sotto.

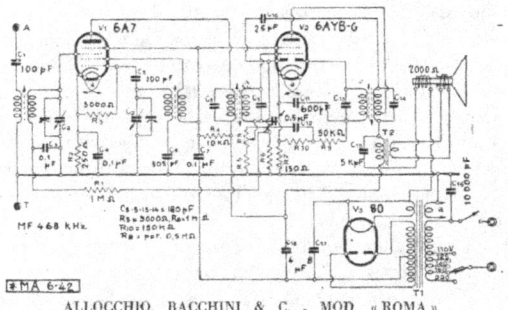

ALLOCCHIO, BACCHINI & C. - MOD. « ROMA »

Si tratta dello schema di una allocchio bacchini modello "roma". E' lo schema più semplice che ho trovato in rete. Come si può vedere la radio riceve su una sola gamma, quella delle onde medie, e non ha alcun triodo preamplificatore di antenna.

Il cuore della radio è la 6A7. Anche se sullo schema sono disegnate solamente quattro griglie, la 6A7 è un convertitore pentagriglia, cioè un eptodo, prodotto in america a partire dal 1933.

Come si può vedere la valvola si occupa da sola dell' intera fase di conversione di frequenza. Quindi la stessa valvola funziona sia come oscillatore locale che come preamplificatore RF e si occupa anche di miscelare i due segnali per ottenere la frequenza intermedia.

Il secondario della bobina L1, assieme alla metà di sinistra del condensatore variabile C2, formano il gruppo di sintonia. Il segnale radiofonico ricevuto dall' antenna viene allora portato alla griglia G3 dell' eptodo per essere amplificato. L' oscillatore locale è invece costruito utilizzando le griglie G1 e G2. Un circuito accordato è collegato alla griglia G1 attraverso un piccolo condensatore, mentre la griglia G2 è collegata all' alimentazione positiva attraverso una bobina, coassiale con il circuito accordato.

Se la valvola è correttamente polarizzata una variazione di tensione sulla griglia G1 si ripercuote in una variazione di corrente sulla griglia G2. La variazione di corrente su G2, attraverso il secondario del trasformatore L2 viene riportata nuovamente al circuito accordato, innescando una oscillazione.

A questo punto, sulle griglie G1 e G3 della valvola sono presenti due segnali: da una parte il segnale ricevuto dall' antenna e dall' altra quello ricevuto dall'oscillatore locale. La valvola li miscela, e all' anodo, oltre ai

126

due segnali è presente anche la frequenza intermedia.

Questa frequenza può ora attraversare la prima bobina di media frequenza, cioè L3, per essere amplificata dalla valvola 6AY8G.

Qui la cosa si complica un pò perchè la stessa valvola viene utilizzata sia come finale di bassa frequenza che per riamplificare la frequenza intermedia, a reazione, in modo da migliorarne sia il filtraggio che la selettività. Un trucco necessario per un epoca in cui le valvole avevano un costo molto elevato. Comunque quello che ci interessa è il funzionamento del primo stadio.

Una valvola triodo-eptodo che è facile da ottenere, e che può quindi essere usata per fare alcuni esperimenti è la PCH200. Questa valvola in realtà non veniva usata come convertitire di frequenza ma come miscelatore in uno stadio di ricezione dei televisori. Però può essere usata anche per ricevere.

Dato che venne usata fino agli anni sessanta è abbastanza facile trovarla, sia sui mercatini che su ebay, o smontando una vecchia tv.

La PCH200 ha il vantaggio di poter lavorare con una tensione anodica estremamente bassa. Questo la rende adatta a fare qualche prova, senza utilizzare tensioni pericolose.

L' unica complessità che ci può dare questa valvola è lo zoccolo. Contenendo infatti sia un triodo che un eptodo ha la necessità di rendere accessibili molte griglie, due anodi e così via. Ha quindi uno zoccolo particolare, con dieci piedini anzichè nove.

E' allora problematico trovare un supporto su cui montarla.

Partendo dallo schema della "Roma" possiamo provare a definire qualcosa di ancora più semplice. Resta inteso che si tratta di poco più che uno schema di concetto, e che non è detto possa garantire una ricezione accettabile. Specie perchè, usando entrambe le sezioni di una stessa valvola, potremmo avere parecchi problemi legati al rumore e ad oscillazioni non volute.

Anche in questo caso le griglie G1 e G2 possono essere usate per costruire l' oscillatore locale mentre la griglia G3 può essere usata per amplificare il segnale in arrivo dall' antenna.

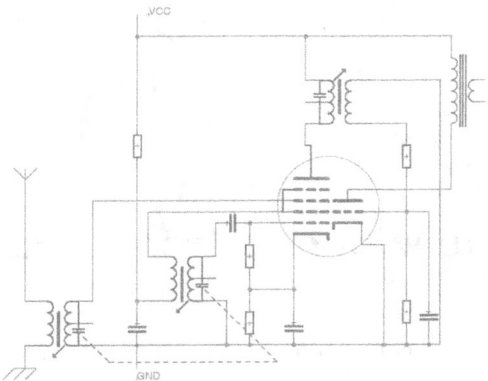

Lo stadio di ingresso è quindi molto simile a quello della "Roma". Una delle due bobine è collegata direttamente ad entenna e terra mentre l' altra funziona da oscillatore locale.

L' uscita è invece molto semplificata: Il segnale viene recuperato all'anodo dell' eptodo e tramite una sola media frequenza viene portata alla griglia del triodo della PCH200. Questo triodo si occupa sia di demodulare il segnale, raddrizzandolo e portandolo in bassa frequenza, che di amplificarlo. All' anodo del triodo è connesso un trasformatore di uscita adatto a pilotare delle cuffie o un piccolo altoparlante.

E' interessante notare che potremmo fare la stessa cosa anche con un pentodo, e usarlo come convertitore di frequenza. Dovremmo però trovare un pentodo che abbia tutte e tre le griglie accessibili, ad esempio una EF80, che è una valvola piuttosto comune. In questo caso avremo però bisogno di una seconda valvola da usare come demodulatore e amplificatore finale.

Chapter 10

La modulazione di frequenza

Tutti gli apparati che abbiamo descritto finora sono progettati per ricevere segnali a modulazione di ampiezza.

In un segnale a modulazione di ampiezza l' inviluppo, cioè l' ampiezza complessiva dell'onda, cambia al variare del segnale da inviare.

Sempre Armstrong, nel 1939, propose di modulare il segnale radio in maniera diversa.

Al variare dell' ampiezza del segnale è possibile anzichè variare l' ampiezza del segnale modulato, cambiarne la frequenza.

Il vantaggio è che il segnale risultante è molto meno sensibile ai disturbi.

Infatti i disturbi, come ad esempio i lampi di un temporale, si sommano al nostro segnale modulato cambiandone l' ampiezza ma difficilmente la frequenza. Quindi un segnale FM è molto più pulito di un segnale trasmesso in AM sulla stessa banda.

Nel 1940 alle trasmissioni in modulazione di frequenza vennero associate dapprima le frequenze tra 42 e 50 megahertz, per uso esclusivamente militare. Questa banda fu poi spostata, nel 1945, alla gamma tra 88 e 106 megahertz, che è in pratica quella che usiamo ancora oggi.

Le FM vennero poi inserite negli apparati ricevitori domestici attorno agli anni 50.

Le frequenze utilizzate per le trasmissioni FM sono piuttosto alte rispetto a quelle usate per le OM. Comunque si tratta di frequenze che possono essere raggiunte dalle valvole con un guadagno ancora ragionevole. Teniamo infatti presente che, all' aumentare della frequenza, le capacità parassite presenti nei componenti diventano dei filtri che riducono o impediscono il passaggio dei segnali.

La conversione verso la media frequenza diventa una funzione essenziale del ricevitore: è molto difficile amplificare il segnale FM così come è, quindi lo si porta ad una frequenza più bassa con un eptodo.

Il fatto di avere frequenze piuttosto alte permette però di avere anche una ampiezza di canale molto elevata senza rischiare di sovrapporsi ai canali a fianco. Tra 88 e 108 megahertz sono presenti circa cento canali, con una banda disponibile di circa cento kilohertz per ciascun canale.

Ad una maggior ampiezza del canale corrisponde la possibilità di una modulazione più ampia, e quindi di una migliore ricezione.

Ricevere un segnale in FM è però più complesso che ricevere un segnale AM. Infatti, mentre per ricostruire un segnale AM è sufficiente "tagliare" la sola parte positiva della portante e filtrarne le frequenze alte, cosa che abbiamo visto si può fare con pochissimi componenti, per il segnale FM è necessario qualcosa di diverso. Infatti l' ampiezza del segnale di uscita deve dipendere dalla differenza tra la frequenza del segnale ricevuto e quella del centro banda.

In maniera puramente teorica un segnale FM potrebbe essere demodulato da un semplice circuito risonante. Infatti, dato che questo funziona come filtro passa-banda, e permette il passaggio solo del segnale che si trova attorno ad una singola frequenza, è teoricamente possibile utilizzarlo per rilevare un segnale FM. Qui sotto c'è una figura che spiega come funziona la cosa.

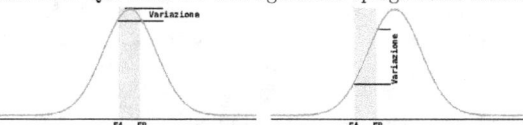

Supponiamo che il segnale FM da rilevare abbia una frequenza composta tra FA e FB. La figura a sinistra mostra il comportamento di un circuito risonante la cui frequenza sia centrata esattamente a metà tra FA e FB. Più la frequenza sarà vicina al centro banda e maggiore sarà il livello del segnale ricevuto. La relazione non è lineare ma lega comunque la frequenza all' ampiezza dell'uscita, quindi sull' altoparlante riceveremo qualcosa, anche se molto distorto.

Il caso della figura di destra è invece migliore. In questo caso il circuito risonante è accordato su una frequenza che si trova al di fuori del range tra FA e FB. Anche in questo caso al variare della frequenza del segnale ricevuto varierà l' ampiezza dell' uscita, ma le variazioni di ampiezza saranno più lineari, e soprattutto maggiori.

Purtroppo, per quanto sia fatto bene, il circuito risonante avrà sempre una banda abbastanza ampia, e quindi dato che l' intervallo tra FA e FB sarà piuttosto stretto riceveremo un segnale molto basso. Inoltre introdurrà sempre una forte distorsione. Demodulando in questo modo, quindi, avremmo due problemi: quello di ricevere un segnale molto distorto se abbiamo centrato bene il canale e quello di ricevere comunque un segnale debole.

Il circuito risonante ha però un altro effetto sul nostro segnale. Senza entrare nei particolari, possiamo dire che ogni segnale è composto da un insieme di onde, ciascuna ad una diversa frequenza. Il circuito risonante ha la caratteristica di sfasare le varie frequenze, cioè di trasportare ciascuna di queste con un diverso tempo di ritardo.

Una componente del segnale che si trovi molto al di sotto della frequenza di risonanza subirà un ritardo mentre una componente che si trovi al di sopra di questa avrà un anticipo (rispetto al segnale di centro banda), come nella figura qui sotto.

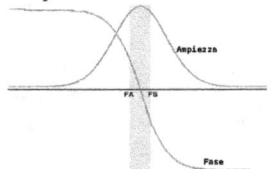

Se anzichè valutare le variazioni di ampiezza indotte dalla variazione della frequenza in entrata valutiamo le variazioni di fase avremo un comportamento più lineare. Inoltre, per piccole variazioni di frequenza, le variazioni di fase sono molto più sensibili e quindi potremo rilevare un segnale più forte.

Per valutare le variazioni di fase dobbiamo confrontare il segnale che ha attraversato il circuito risonante con quello che ancora lo deve attraversare. L' uscita del nostro demodulatore avrà un ampiezza proporzionale alla differenza di fase tra questi due segnali.

Possiamo farlo usando, all'uscita dell' ultimo stadio di media frequenza, con un trasformatore che abbia due secondari uguali, uno dei due con presa centrale.

Il circuito è un pò complesso e necessita di una taratura, come gli stadi a media frequenza.

Lo schema classico, costruito con una valvola doppio diodo, spesso seguita da un triodo come amplificatore è il seguente.

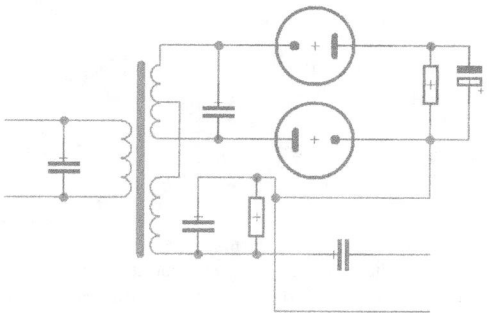

Nel caso di segnale AM, tutta la parte di demodulazione veniva sostituita da un semplice diodo.

Molte delle valvole che venivano utilizzate per la realizzazione di questo demodulatore sono reperibili ancora oggi.

Tra la più comuni ci sono la eabc80, che contiene tre diodi e un triodo, in modo da poter essere utilizzata come demodulatore sia per segnali AM che FM, e la EAA91, che è una piccola valvola a sette piedini utilizzata nei ricevitori in miniatura o nelle autoradio.

Riporto qui sotto la pedinatura delle due valvole.

EABC80   **EAA91**

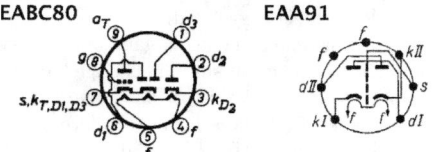

Per non complicare eccessivamente il circuito della nostra radio possiamo scegliere di utilizzare, anzichè due diodi costruiti con un tubo a vuoto, due diodi al germanio.

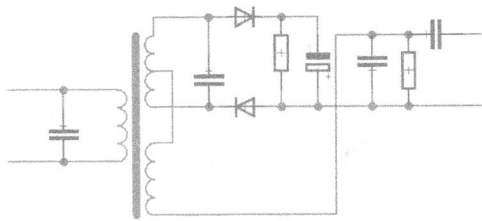

La differenza sta nel fatto che i diodi al germanio sono componenti molto piccoli e compatti e non necessitano di un catodo riscaldato. Uno svantaggio può essere dato dal fatto che, perchè il diodo inizi a condurre, è necessario che la tensione ai suoi capi sia non solo con un verso tale da far passare la corrente dall' anodo verso il catodo, ma anche superiore ad un valore di soglia definito.

Per fortuna il valore di soglia è abbastanza basso. Nel caso di diodi al silicio parliamo di circa 0.6 volts, mentre la soglia di un diodo al germanio si aggira attorno a 0.2 volts.

Questa soglia, comunque, introduce una distorsione nella demodulazione del nostro segnale. Se il segnale è molto debole l' errore sarà sensibile, e sarà più difficile, ad esempio, l' ascolto del parlato.

Possiamo ora modificare lo schema che abbiamo indicato per la radio ricevente a reazione, considerando anche la presenza di un demodulatore per le FM. Dato che AM e FM non coesistono sulla stessa gamma di frequenze è necessario replicare sia il circuito risonante di sintonia che quello dell' oscillatore locale. Nelle radio più recenti, a transistor, dato che complicare il circuito ha un costo inferiore rispetto ad uno schema valvolare, spesso si scelgono due medie frequenze diverse per AM e FM, e gli stadi di media frequenza sono tutti replicati.

Nel nostro caso, pur sapendo che la cosa potrà comportare maggiori difficoltà nella fase di taratura, potremo scegliere di avere un unico valore di media frequenza, e quindi di avere differenze tra AM e FM solamente in tre punti del circuito: nei due circuiti risonanti e sul demodulatore.

Sarà necessario un selettore composto da tre deviatori che cambino contemporaneamente posizione, per selezionare AM o FM secondo il caso.

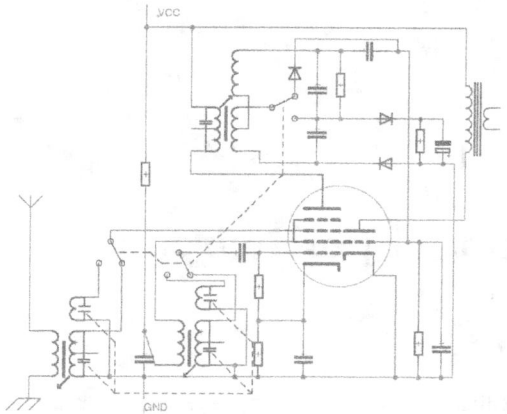

Anche in questo caso mi limito a riportare uno schema di principio. I valori dei componenti dipendono infatti dalla tensione di alimentazione che volete utilizzare, dal tipo di valvole che siete riusciti a reperire e dal loro stato di consumo.

Chapter 11

Alimentatori per i circuiti valvolari

Conclusa la nostra discussione sugli schemi più classici utilizzabili per costruire un ricevitore radiofonico a valvole, rimangono da descrivere alcuni metodi con cui sarà possibile costruire degli alimentatori per le nostre radio.

Infatti alimentare una radio valvolare comporta dei problemi aggiuntivi rispetto all'alimentare una radio costruita ad esempio con dei transistors. Le valvole hanno sempre bisogno di due distinte fonti di alimentazione: una per il filamento e una per il circuito vero e proprio. Solitamente queste due fonti di alimentazione vengono prese da due distinti avvolgimenti di uscita di uno stesso trasformatore.

Per alimentare il filamento abbiamo bisogno di una corrente elevata con una tensione solitamente bassa, mentre per il circuito abbiamo bisogno di una tensione più alta. L' ideale sarebbe avere tensioni dell' ordine di cento o duecento volts.

In molti casi le tensioni che dovremo utilizzare dipenderanno dalla valvola in uso, o dall' insieme delle valole, se decidessimo di usarne più di una.

Lo schema classico di un alimentatore per un circuito valvolare è riportato qui sotto:

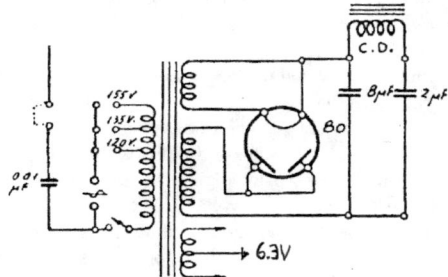

E' lo schema di una vecchia radio della magnadyne che utilizza una valvola "80", cioè un doppio diodo.

Come si può vedere richiede un trasformatore piuttosto complesso. Il circuito primario permette di alimentare il trasformatore con tensioni di ingresso diverse. Questo avveniva perchè in passato, in diversi punti d'italia e anche d'europa, le aziende che fornivano energia elettrica e le linee di distribuzione erano diverse e non esisteva uno standard per la tensione ad uso domestico. Oggi le possibili tensioni di ingresso sono due: duecentoventi o centodieci volts. E i centodieci volts sono poco usati in europa. Quindi si può utilizzare un trasformatore con un unico avvolgimento di ingresso. Se dovete però collegare alla rete una vecchia radio, ovviamente dopo una prima revisione per controllare che non ci siano problemi gravi, fate attenzione al commutatore di alimentazione perchè potrebbe essere su una tensione più bassa di quella di rete attuale. E se la collegate dovrete occuparvi di sostituire molte parti della radio che sicuramente ne saranno danneggiate: il diodo raddrizzatore, la bobina di campo dell' altoparlante e così via.

I circuiti secondari del trasformatore sono tre.

Per prima cosa il trasformatore fornisce una tensione alternata di circa cinque volts da utilizzare per alimentare il filamento della sola valvola 80. Come si può vedere la valvola 80 ha il proprio filamento che corrisponde al catodo. Quindi, per evitare che il rumore generato dall'alimentazione del filamento sia propagato all' alimentazione dell' apparato è necessario che il filamento sia alimentato con un proprio avvolgimento.

Poi c'è un secondo avvolgimento, con presa centrale, che fornisce una tensione complessiva di sei virgola tre volts circa. Questa tensione è adatta per alimentare il filamento di molte delle valvole in commercio negli anni trenta. La presa centrale di questo avvolgimento veniva collegata allo chassis, e quindi alla massa della radio, per minimizzare i disturbi generati dalla tensione di filamento, che era alternata.

L' altro avvolgimento, è quello che viene utilizzato per fornire la tensione per il circuito anodico della radio. In questo caso si tratta di un avvolgimento singolo ma nella maggior parte dei casi si trattava di un avvolgimento a presa centrale, in modo che la tensione raddrizzata fosse il più possibile stabile.

La tensione alternata fornita da questo avvolgimento poteva avere un valore attorno ai duecento o duecentocinquanta volts. Una volta raddrizzata dal diodo e filtrata dal primo condensatore si otteneva una tensione continua tra i duecentoottanta e i trecentocinquanta volts, adatta per la maggior parte delle valvole dell'epoca.

Alla tensione anodica era però sovrapposto un ronzio sui cinquanta hertz che si doveva cercare di ridurre. Inoltre ricordiamo che questo tipo di radio avevano un' altoparlante elettrodinamico, il cui campo magnetico doveva essere generato da un elettromagnete.

La soluzione era quella di porre l' elettromagnete di campo dell' altoparlante in serie all' alimentazione, e dopo questo inserire un secondo condensatore che migliorasse il filtraggio.

L' insieme di due condensatori di alta capacità con una bobina di alta induttanza formava un filtro in grado di rendere la tensione anodica praticamente stabile.

Sullo schema ho voluto lasciare un particolare che veniva utilizzato per migliorare la ricezione su radio che non avevano una buona antenna, cioè l' antenna di emergenza. Un condensatore di bassa capacità e capace di resistere ad alte tensioni veniva collegato tra la presa d'antenna e uno dei due capi della tensione di rete. Questo accorgimento faceva sì che tutto l'impianto elettrico della casa entrasse a far parte dell'impianto di antenna migliorando molto la ricezione.

Il mio consiglio è comunque di non farlo: se il condensatore usato per l' antenna di emergenza, per qualunque motivo, si dovesse perforare o cortocircuitare la radio sarebbe tutta sottoposta alla tensione di rete e quindi sarebbe molto pericoloso toccarla. Magari è meglio costruirsi una antenna migliore o rassegnarsi a ricevere solo alcuni canali.

Inoltre oggi molti apparecchi elettrici usano alimentatori a commutazione e quindi irradiano una quantità elevata di disturbi sulla rete elettrica. Allora oggi l' antenna di emergenza sarebbe probabilmente controproducente.

11.1 Qualche parola sulle tensioni di filamento

Se come me vi siete procurati le valvole da vecchi televisori o radio vi tro-
verete probabilmente di fronte ad un problema: le valvole avranno tutte una
tensione di filamento differente. Questo perchè i televisori usano solitamente
valvole per cui la prima lettera della sigla è "P". Queste valvole sono pensate
per avere tutte una stessa corrente di filamento, che è 0.3 ampere.

L' idea è che un numero sufficientemente elevato di valvole venga messo
in serie in modo da arrivare ad una delle tensioni fornite dal trasformatore
di alimentazione. Cosa molto comoda su un televisore che ha molte valvole,
ma difficile da fare su una radio, che di solito di valvole ne ha due o tre.

Su un televisore costruire un avvolgimento che fornisca una tensione di
6.3 volts per alimentare un numero molto elevato di valvole comportava il
dover fornire una corrente elevata, dell' ordine di alcuni ampere. Quindi
era necessario un avvolgimento fatto con un filo di rame di spessore molto
elevato, costoso e ingombrante.

La maggior parte della radio, invece, usavano valvole con filamento a 6.3
volts, ciascuna con necessità di una diversa corrente. Questo ad esclusione di
alcune radio valvolari di ultima generazione che, per poter ravere costi bassi,
usavano valvole di serie "U", con tensioni di alimentazione del filamento
molto elevate.

I filamenti delle cinque o sei valvole di serie "U" del ricevitore, in serie,
potevano essere in questo caso alimentati direttamente dalla tensione di rete.

E' da notare che le prime radio degli anni venti, dovendo funzionare a
batteria, ed essendo all'epoca le pile costose e difficili da reperire, avevano
il filamento funzionante a soli 1.5 volts così da poter essere alimentate da
un unico elemento della pila. In fondo si trattava di normali lampadine
modificate.

11.2   Le radio a valvole più recenti

Attorno agli anni cinquanta le radio a valvole erano ormai divenute un oggetto di uso comune, ed erano praticamente in ogni casa. Lo schema elettrico in uso era ormai ovunque quello supereterodina a cinque valvole e quindi si iniziò a puntare sulla miniaturizzazione e sulla riduzione dei costi per la vendita degli apparecchi.

Questo comportava la necessità di eliminare il trasformatore di alimentazione, che è insieme l' elemento più pesante e più costoso della radio.

Come abbiamo già detto utilizzando valvole della serie "U" fu possibile farlo. Il problema, però, era quello delle tensioni di rete, che non erano le stesse ovunque. Era quindi sempre necessario qualcosa che permettesse di alimentare sia i filamenti che il telaio della radio sempre con la stessa tensione, indipendentemente dalla tensione di ingresso.

La cosa poteva essere fatta utilizzando un autotrasformatore, cioè un semplice avvolgimento con delle prese centrali, più semplice ed economico del trasformatore, come quello in figura qui sotto:

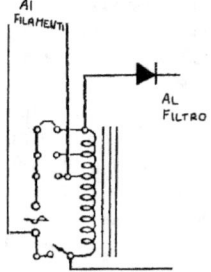

Su questo schema il segnale è raddrizzato da un diodo allo stato solido, che era disponibile, e quindi già spesso usato all' epoca. In molte radio viene comunque usata una valvola della serie "UY" come raddrizzatore. I filamenti sono collegati ad una delle prese dell'autotrasformatore e sono tutti in serie l'uno con l' altro.

L' autotrasformatore è realizzato avvolgendo un unico filo, che ha quindi tutto lo stesso spessore. E' allora necessario che le correnti che lo attraversino siano piccole, altrimenti questo spessore dovrebbe essere elevato. Da qui la necessità di filamenti tutti in serie con tensioni di lavoro elevate.

Alcune radio molto recenti e a costo molto basso, addirittura, non avevano alcun autotrasformatore ma le valvole e il circuito anodico connessi direttamente alla rete luce. Questo era possibile, ma solo a condizione di far funzionare la radio con una sola tensione di alimentazione. Ad esempio si poteva costruire una radio in grado di lavorare solamente a 110 volts.

Una radio che abbia un autotrasformatore anzichè un trasformatore di alimentazione è un oggetto pericoloso: infatti qualunque componente al suo interno è sottoposto alla tensione di rete.

Anche per l' utilizzatore il contatto con una parte metallica, magari causato dal fatto che una manopola si sia sfilata dal perno, può essere un grosso rischio. Pensate poi alle boccole di antenna: un condensatore in corto circuito all' interno della radio potrebbe portare anche qui la tensione di rete, rendendole pericolose.

Per la riparazione o anche per l'uso di questo tipo di radio è consigliabile procurarsi un trasformatore di isolamento, cioè un trasformatore che abbia lo stesso avvolgimento sia sul primario che sul secondario, e che quindi porti alla sua uscita la stessa tensione che c'è all' ingresso. Quello che cambia sull' uscita, però, è che non c'è più accoppiamento con la terra. Quindi al contatto tra il telaio della radio e la terra non c'è passaggio di corrente. In pratica, toccando il metallo della radio non si rischia di essere folgorati.

11.3 Costruire oggi un alimentatore

Costruire oggi l' alimentatore per un circuito valvolare è una operazione che può comportare una serie di problemi. Per prima cosa l' alimentatore dovrà per forza essere costruito in modo da adattarlo al tipo di valvole che vogliamo utilizzare. Infatti dovremo scegliere i componenti da usare principalmente secondo la tensione di filamento che vogliamo ottenere.

Inoltre diventa oggi molto difficile ottenere dei trasformatori con più stadi di uscita simili a quelli per circuiti valvolari, quindi dovremo utilizzare schemi diversi da quelli in uso anni fa.

Per quanto riguarda i trasformatori ci sarebbe utile averne a disposizione alcuni con due stadi di uscita separati: uno da usare per alimentare il filamento delle nostre valvole, che saranno molto probabilmente di tipo "P", e l' altro da usare per ottenerne la tensione anodica. Questo perchè così facendo abbiamo la possibilità di utilizzare direttamente la tensione alternata che c'è in uscita ad uno dei due stadi per alimentare il filamento, e di utilizzare la tensione che esce dall'altro per l' alimentazione anodica.

L' ideale sarebbe poter acquistare un trasformatore che abbia su uno dei due secondari molte prese intermedie, in modo da poterlo usare con tutte le nostre valvole, ma questo non è sempre facile.

Una buona scelta potrebbe essere quella di acquistare un trasformatore che abbia due uscite a tensione ragionevolmente bassa, ad esempio due avvolgimenti da quindici volts. Anche volendo alimentare una valvola il cui filamento funzioni alla tensione di dodici volts, dovremo solo frapporre tra questa e l' uscita dell' alimentatore una resistenza che permetta la caduta dei tre volts in eccesso. Dato che le valvole della serie "P" hanno una corrente di 0.3 ampere una caduta di 3 volts corrisponde ad una resistenza da dieci ohm, ed ad un consumo di potenza di poco inferiore a un watt. Quindi dovremo usare una resistenza piuttosto grande, per evitare che questa si surriscaldi, ma la cosa è possibile.

La potenza necessaria per alimentare il filamento della valvola assieme alla resistenza sarà pari al prodotto tra la tensione di alimentazione e la corrente di filamento, quindi quattro watt e mezzo.

Da notare che nel fare questo non possiamo partire da un trasformatore a tensione troppo alta, perchè se ad esempio la tensione disponibile fosse di ventiquattro volts, avremmo una caduta di dodici volts e quindi la resistenza dissiperebbe quasi quattro watt, portando il nostro consumo complessivo ad otto watt.

Per quanto riguarda la tensione anodica, però la cosa è diversa. Abbiamo infatti una tensione alternata di circa quindici volts. Anche considerando una corrente anodica molto bassa, raddrizzando una tensione di quindici volts possiamo ottenere al massimo ventuno volts di tensione continua.

Questa tensione può essere sufficiente per un ricevitore a reazione, magari in cuffia, ma è sicuramente troppo bassa per costruire un buon ricevitore, con uscita in altoparlante.

E' possibile però, con pochi componenti, costruire un circuito elevatore di tensione che, sfruttando il fatto che il nostro trasformatore dà una corrente alternata, alzi questa tensione fino a raggiungere un livello ragionevole, ad esempio di quaranta o cinquanta volts.

Lo schema qui sotto permette di ottenere una tensione continua di circa quaranta volts partendo dalla corrente alternata a quindici volts.

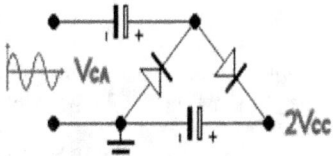

Si tratta di un elevatore di Villard.

Questo circuito utilizza dei con densatori elettrolitici e il fatto di avere in ingresso una tensione oscillante come pompa di carica. Il sistema è abbastanza semplice e possiamo capire come funziona con un esempio.

Se io utilizzo una batteria da nove volts per caricare un condensatore di grande capacità, questo condensatore accumulerà ai capi la stessa tensione di nove volts, che manterrà per un certo tempo anche se staccato dalla batteria.

Se ora con il polo negativo del condensatore tocco il polo positivo della pila avrò a disposizione una tensione complessiva che non è più di nove volts ma di diciotto.

I diodi del circuito si comportano, al cambiare della polarità della tensione di ingresso, come due interruttori che distribuiscono la tensione in entrata tra due condensatori elettrolitici. Allora ai capi della coppia di condensatori possiamo trovare una tensione continua doppia del massimo della tensione alternata in ingresso.

Una tensione alternata di quindici volts raggiunge un massimo di circa venti volts, quindi in uscita ci sono circa quaranta volts continui.

Possiamo costruire questo circuito anche in modo che i condensatori coinvolti non siano solo due ma ad esempio quattro o un numero superiore. In questo caso la tensione di uscita cresce e possiamo utilizzarla per alimentare l' anodica delle valvole.

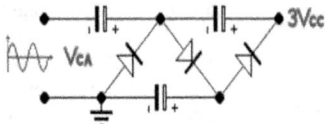

Quando il circuito è a vuoto la tensione di uscita è praticamente quella in ingresso moltiplicata per il numero di stadi diodo-condensatore. In situazione di lavoro, però, il carico assorbe corrente e quindi la tensione di usita scende. Per avere dei buoni risultati è necessario utilizzare dei condensatori di alta capacità, dell' ordine delle centinaia o migliaia di microfarad, e assorbire dal circuito una corrente ragionevole.

Dato che molte delle nostre valvole si possono accontentare di sessanta o settanta volts, moltiplicare per quattro la tensione in ingresso potrebbe per noi essere sufficiente.

Lo schema completo di un alimentatore per circuiti valvolari, allora, potrebbe essere quello qui di seguito:

Un insieme di resistenze da cinque ohm possono essere usate per selezionare una tensione di filamento adatta alla valvola che stiamo utilizzando, considerando che se la valvola è della serie "P" ogni resistenza causerà una caduta della tensione di circa 1.5 volts, mentre un raddrizzatore di Villard può essere usato per ottenere diversi livelli di tensione anodica.

Non volendo esagerare ho considerato possibili tensioni di uscita di quaranta o sessanta volts a vuoto. Così il circuito non sarà pericoloso. Volendo sull'elevatore è presente anche la tensione di venti volts. E' possibile aggiungere altri stadi per ottenere tensioni di uscita più alte, però con correnti disponibili sempre minori.

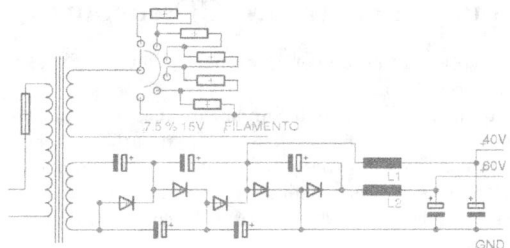

Come si può notare dallo schema sull'uscita sono state inserite due induttanze e due ulteriori condensatori con lo scopo di ridurre il più possibile il rumore, che il raddrizzatore di Villard non toglie dal segnale.

Spesso utilizzo per i miei circuiti un alimentatore di questo tipo senza costruire una basetta: semplicemente saldando prima la sequenza di diodi e poi i condensatori su una fila di capicorda.

11.4 Usare un alimentatore CC surplus

Come abbiamo visto costruirsi un alimentatore per circuiti a valvole non è una operazione molto complessa.

In alcuni casi, però, può essere comodo semplificare ancora la realizzazione di una radio e, anzichè concentrarsi sull' alimentatore da utilizzare, lavorare sul semplice circuito di sintonia. E' spesso il caso delle radio sperimentali.

In commercio si possono trovare facilmente alimentatori stabilizzati in grado di fornire tensioni di diciotto o ventiquattro volts continue. Solitamente con una potenza di circa venticinque watt.

Per testare semplici ricevitori è possibile utilizzare queste tensioni. I diciotto o ventiquattro volts sono sufficienti per udire il segnale in cuffia. Le stesse tensioni possono essere usate anche per alimentare il filamento di alcune delle valvole più comuni.

Ad esempio la PCL85 o la PCL805, che erano utilizzate negli amplificatori dei televisori, hanno una tensione di filamento attorno a diciotto volts e possono funzionare con tensioni anodiche molto basse.

La valvola PL36, utilizzata sempre nei televisori come valvola di potenza, ha invece una tensione di filamento di ventiquattro volts.

Limitandosi a queste valvole o combinando più tubi per avere le corrette tensioni di filamento è possibile fare esperimenti senza costruirsi l' alimentatore.

E' il caso del mio ricevitore con la valvola PL36, per cui ho utilizzato un alimentatore da ventiquattro volts che fornisce sia la tensione di filamento che l' anodica.

Il ricevitore ha un volume un pò basso ma ha il vantaggio di ricevere poco rumore perchè il filamento è alimentato con tensione continua.

Ovviamente ho utilizzato un alimentatore di buona qualità altrimenti i disturbi introdotti da questo mi avrebbero impedito di ricevere i segnali radiofonici.

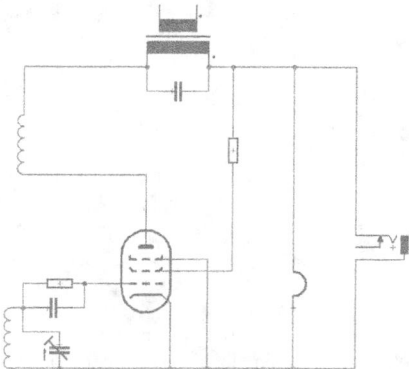

Quello in figura è lo schema del ricevitore, che ho inserito solo per far capire che, malgrado i limiti imposti da una singola alimentazione, i vantaggi dovuti alla semplificazione circuitale potrebbero essere considerevoli.

Chapter 12

L'occhio magico

Immaginate di voler ascoltare con la vostra radio una stazione radiofonica abbstanza lontana. Regolate la sintonia finchè la ricevete correttamente, regolate la reazione e il canale si sentirà.

In molti casi, però sarà sufficiente che voi allontaniate la mano dalla manopola di sintonia o che vi spostiate nella stanza perche il segnale si perda.

Questo difetto è lagato al fatto che la vostra mano e il vostro corpo entrano non solo a far parte del circuito di sintonia, ma intervengono anche nella riflessione dei segnali radiofonici disturbando l'antenna.

Se il canale è sintonizzato perfettamente, però questo effetto è molto meno sensibile.

Si incontra però un problema: dato che la selettività dei nostri ricevitori non è molto elevata esiste tutta una gamma di frequenze nelle quali la stazione viene ricevuta e ad orecchio è difficile discriminare quali di queste corrisponda al centro banda, e quindi alla migliore ricezione.

Nelle radio di buona qualità, e attorno agli anni cinquanta praticamente su tutte le radio a valvole in commercio, era allora introdotto uno speciale tubo, detto occhio magico, che funzionava come un voltmetro.

Questo voltmetro misurava l' ampiezza della portante associata al segnale ricevuto. A centro banda questo valore è sempre massimo quindi, una volta trovato il canale, era sufficiente muovere leggermente la sintonia per portare il voltmetro a misurare il valore massimo possibile.

A questo valore corrisponde la massima qualità di ricezione con il minore rischio che, spostandosi nella stanza, il canale venga perso.

La portante ricevuta assieme al segnale radiofonico è però un segnale piuttosto basso e quindi non è il caso di usare un voltmetro meccanico per misurarla. Anche perchè questo ha degli svantaggi:

Per prima cosa il costo e la complessità meccanica sono alti. Poi c'è il fatto di avere un assorbimento di corrente abbastanza alto. E la corrente assorbita verrebbe sottratta al segnale ricevuto. Inoltre il voltmetro fornisce una precisione di misura che non è certamente necessaria su una radio dovendo solo rilevare il punto di massimo.

Allora si ritenne una soluzione migliore l' utilizzare una valvola aggiuntiva, in grado di indicare il valore della tensione ricevuta.

La valvola era costruita in maniera simile al tubo catodico di un televisore: il fascio di elettroni emesso dal catodo veniva infatti inviato verso l' anodo, dove colpiva un sottile strato di materiale fluorescente che si illuminava. Una griglia veniva utilizzata per deflettere questo fascio, facendo in modo che il punto colpito cambiasse secondo la tensione applicata. O semplicemente l' ampiezza di questo punto.

Quindi su un lato o sulla sommità della valvola si accendeva un punto luminoso. Questo punto si spostava secondo il livello del segnale ricevuto, rendendo possibile l' individuazione del massimo.

Le prime valvole ad occhio magico mostravano sulla loro sommità un punto rotondo. Agendo sulla griglia il fascio di elettroni veniva reso più sottile, quindi ad un migliore segnale ricevuto corrispondeva un punto più piccolo e centrato.

Valvole più recenti, come ad esempio la EM87, presentavano una barra verticale che si illuminava progressivamente all' aumentare dell' ampiezza del segnale ricevuto, come nel caso della figura qui sotto.

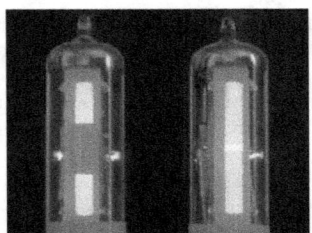

In entrambi i casi l' occhio magico conteneva al proprio interno anche un triodo. Questo triodo serviva ad amplificare il segnale ricevuto dalla radio e a fare in modo che la potenza necessaria a deflettere il raggio di elettroni non venisse sottratta al segnale da amplificare, se non in minima parte.

La pedinatura di una valvola di tipo EM87 è riportata qui sotto, assieme ad un semplice schema di utilizzo.

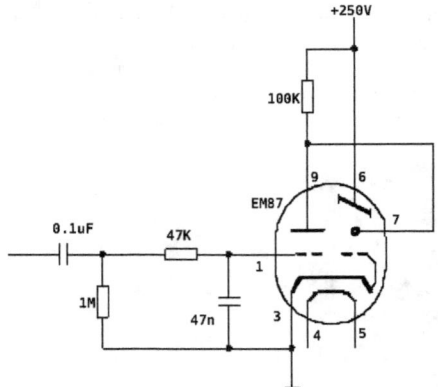

Il segnale ricevuto dalla radio viene demodulato e amplificato dal triodo integrato nella valvola EM87. Poi viene passato alla griglia di controllo del fascio di elettroni riprendendolo dall'anodo del triodo. Il risultato è la visualizzazione del livello della portante.

Per applicare l'occhio magico ad una radio da noi costruita è sufficiente inserire un circuito come dallo schema qui sopra prima del demodulatore della nostra radio, dove abbiamo il segnale portante già amplificato.

Purtroppo la valvola occhio magico ha solitamente necessità di una tensione di alimentazione piuttosto alta, e probabilmente funzionerà male o non funzionerà affatto con gli ottanta volts forniti dal nostro alimentatore. Quindi sarà necessario aggiungere al circuito di villard alcuni stadi per avere una tensione sufficiente a farla funzionare.

Non avrà poi senso inserire l' occhio magico nello schema di un ricevitore a reazione perchè ad un livello di reazione elevato corrisponderà sicuramente un alto livello di segnali alla frequenza della portante. Non tutto dovuto al segnale ricevuto ma in parte anche al circuito di retroazione. Rischieremmo di misurare, allora, il solo livello di retroazione della radio anzichè il livello del segnale.

Bibliography

[1] *ppp.unipv.it* Laboratorio di Fisica. Dettagli sulla vita di Alessandro Volta.

[2] *www.radiomarconi.com* Comitato Guglielmo Marconi International.

[3] *www.wikipedia.it* Wikipedia, sempre un ottimo materiale da consultare, a volte impreciso ma sempre esaustivo.

[4] *www.leradiodisophie.it* Le radio di Sophie. Un sito veramente molto ben fatto ed aggiornato, sul quale vi consiglio di navigare. Le pagine di tecnica, spesso scritte dai lettori, sono ottime.

[5] *Radio Elementi* Di Ravalico, un classico per i radioamatori.

[6] *www.webalice.it/vittorio_i3hvs* Il sito di Vittorio, un radioamatore, con parecchi esempi di radio autocostruite, e metodi di costruzione delle radio e delle singole parti.

[7] *www.electronixandmore.com/articles/oscillators.html* Schemi degli oscillatori utilizzati per costuire semplici radio a riflessione.

www.ingramcontent.com/pod-product-compliance
Lightning Source LLC
Chambersburg PA
CBHW072026190526
45166CB00015B/517